ケミカルバイオロジー

～入り口？ 出口？ 回り道！～

濱崎啓太 著

米田出版

まえがき

子供のころ、春先には赤詰草（ついこの前まで蓮華だと信じていました。）畑を舞う蝶を追い、夏は日陰で地面の穴をせわしく出入りする蟻に目が釘づけになり、秋には遠くにたなびく雲を眺め、冬は地面にせりあがる霜柱にサクッと乾いた音を立てて足跡を残すことを楽しみました。やがて少しだけ成長して、雲も霜柱も水であることを知り、巣穴に食べ物を運ぶ蟻も、花から花へと蜜を集める蝶もヒトより鋭い嗅覚を持つ事実に驚いたものです。そして植物は種族の繁栄をかけて蝶や蜂の視覚にも訴えるべく花は美しさを競います。もう少し成長したころには花の色彩は吸収、反射される波動（光）の相違と知りました。また、花の香りが化学物質であること、動物には香りの化学物質を受け止める器官が存在すること、その器官はタンパク質でできていること、色彩や香りの相違は多段階の化学反応の連結によって知覚されていることを知りました。

生命の「仕組み」に対する興味は尽きません。そしてこれら生命の仕組みは遺伝子、ＤＮＡによってその種に継承されています。しかし、ヒトの体を形作り、様々な反応を管理しているタンパク質をコードしているＤＮＡはゲノムのわずかに二％にすぎません。このわずか二％の中にヒトの機能を維持する情報と、人種から個人の相違など個体の特徴を決定する情報が含まれています。現在ではヒトゲノム解読も一日で完了する時代になり、いずれ人間ドックの一オプションになるかもしれませんが、人類がすでに知っているゲノムの本質的な意味はあまりに限定的です。ゲノムの約八〇％がＲＮＡに転写されているといいますから、ＲＮＡはまだ私たちの知らない生命機能の多くが隠れている未開のジャングルといったところでしょうか？

この本は自然科学、特に生命科学に関心を持つ高校生～大学生のために書きました。最先端のケミカルバイオロジー（生物学）研究のみならず、それらが関わる既存の科学や少々泥臭いかもしれない実験の方法にも時折触れました。この小さな本があなたにとってケミカルバイオロジーの入り口となれば幸いです。あるいはケミカルバイオロジーに寄り道（回り道）をして物理学、情報科学などに軸足を置き別の化学、生物学に進んでもいいでしょう。そしてここを出口としてあなた自身が新しい生物学を開拓することを期待します。

いざケミストリーの舟を乗りこなし、ゲノムの大海原を渡り、ＲＮＡ大陸（ジャングル）に眠る宝を探す旅に出よう。

濱崎啓太

目　次

第三章　分析化学のケミカルバイオロジーとバイオイメージング

第一章　ケミカルバイオロジー？

第一節　「内から外」への変遷

顕微鏡を眺めていた古典生物学から、分子、原子の振る舞いから生命を理解するケミカルバイオロジーへの変遷

前世紀までの生物学あるいは医学は生命体を外から観察し、たとえば細胞を顕微鏡で観ることで生命を理解しようとしてきました。やがて、細胞の外から見ているだけでは理解が追いつかず、細胞の中で起こっていること、分子、原子の反応を追跡し生命を維持する反応を定量的に理解する必要に迫られます。これらの需要に応えるかたちで有機化学、とくに合成化学、そして物理化学の理解により様々な研究方法が発達してきました。また一方で、構造生物学の欲求とともに、「内から観る」という発想の転換もより詳細に、また生命体をライブで（生きたまま）観察するという需要に応えようとしています。

これらは物理学を軸に、物理化学、分光学、分析化学を発達させ、細胞の中で活躍する単一分子とその分子間の関わりの観察を実現してきました。細胞内の特定の分子を観察するためにはその注目している分子に標識を施す必要があり、分子を特異的に染色するための標識試薬を開発する有機化学、さらに後には、遺伝子工学、タンパク質工学と合わせて蛍光性タンパク質によって注目しているタンパク質を遺伝子の段階から標識する方法が発達しました。すなわち「外から観る」にも内

側から「見やすくする」原子、分子レベルの技術が蓄積されているのです。

バイオケミストリーは生命動態、生命反応などの「現象」に着目し、化学実験により理解しようとしますが、ケミカルバイオロジーがこれまでのバイオケミストリーの手法と一線を画しているのは、生命活動と関わる「分子」に着目し、生命の理解を「内から外へ」という発想の転換にあるといっていいかもしれません。分子、原子を追跡し、これらの化学反応を通して生命を理解する。さらに、個々の生体分子の研究から互いの分子の関係性の研究へ指向が移りケミカルバイオロジーが始まりました。

第二節　こんなところにも？　身近なケミカルバイオロジー

なぜ、ポテトチップスからアクリルアミドができる？　その分子的な理解

ポテトチップス、フレンチフライ（日本でいうところのフライドポテト）からアクリルアミドが見つかりました。アクリルアミドはもとの食品成分には含まれません。この物質は紙力増強剤や土壌凝固材に用いられるポリアクリルアミドの原料で、実験室ではタンパク質や核酸の電気泳動を行う際の固定相担体として利用されています。多量に摂取すると人体に対する様々な影響が懸念される物質です（ポテトチップス、フライドポテトを食べるとすぐ危険というわけではない。）。検出された量は世界保健機関（World Health Organization, WHO）の定める安全基準値の数百倍にも達し、

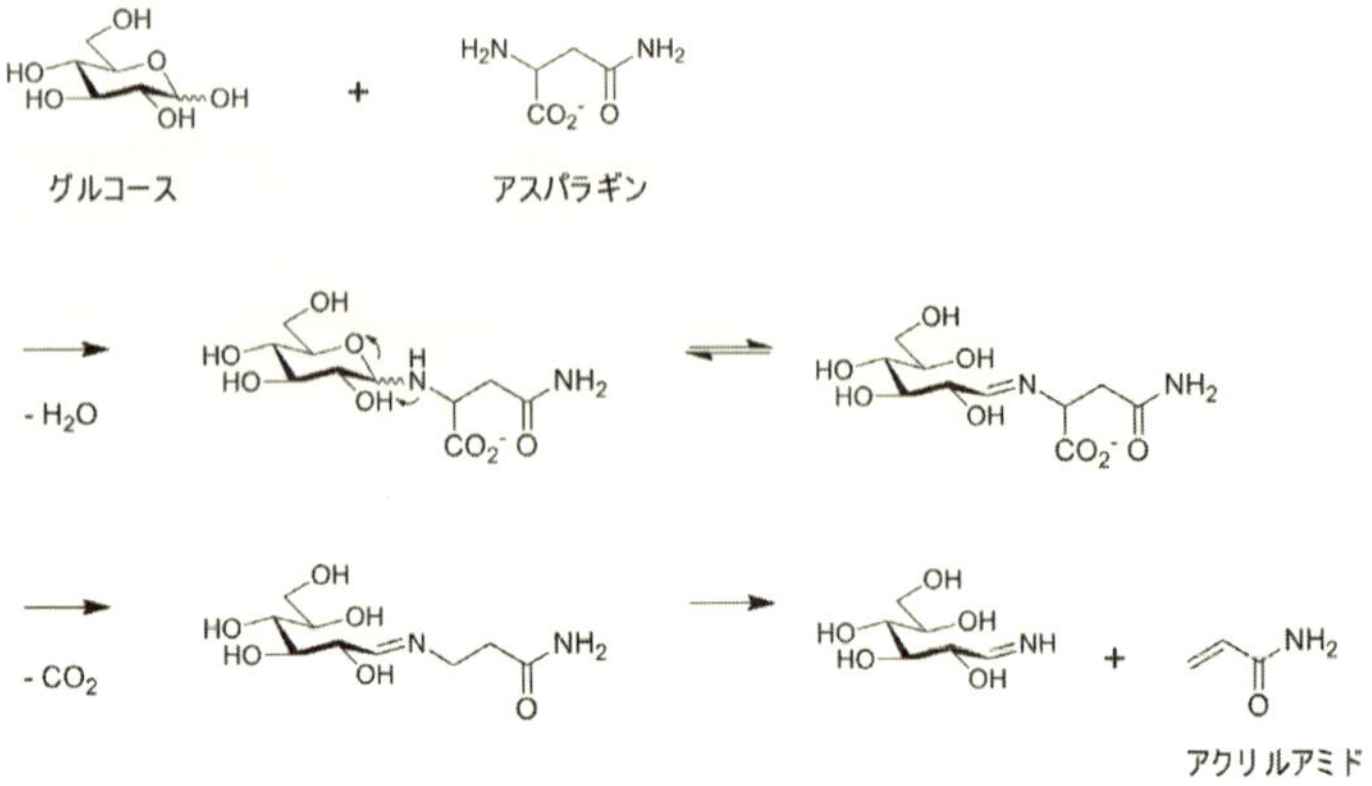

図 1.1　グルコースとアスパラギンからアクリルアミドができるまで

ポテトチップス、フレンチフライのみならずトーストやクラッカー、シリアルからも見つかりました。日本ではその消費量が少ないためか、あまり深刻には報道されませんでしたがこれらの食品、料理を大量に食する欧米では大変な波紋を呼んだようです。

現在では厚生労働省のホームページでも食品に含まれるアクリルアミドの影響に関して見解が述べられています。原料のジャガイモ、小麦粉いずれもアクリルアミドは含まれていません。ジャガイモを茹でたり蒸かしたりしてもアクリルアミドは検出されません。ところが油で揚げたりオーブンで焼いたりするとアクリルアミドが検出されます。どうやら調理の温度が関係していそうです。「茹でる」、「蒸かす」では常圧での水の沸点一〇〇℃を超えませんが、「揚げる」「焼く」だとさらに高い温度に達しますから。

その後の調査で炭水化物を含む食材を一二〇℃以上の高温で調理するとアクリルアミドが検出されること

がわかりました。しかし炭水化物、すなわち糖質からはアクリルアミドの構造には近づきません。何かもう一つ別の成分が必要そうです。調べてみるとジャガイモとシリアルには糖質のほかアスパラギンが多く含まれていることがわかりました。そしてアスパラギンのみならずシステイン、グリシン、メチオニンなどのアミノ酸もグルコースとともに一八五℃に加熱するとアクリルアミドを生成することがわかったのです。さらに詳しく調べると、これらはグルコースとアスパラギンを出発物質として縮合反応と脱炭酸反応、さらにいくつかの段階を経てアクリルアミドが生成されることが実験的に示されました（図１・１）。身近に存在する食品、そこに含まれる小さな分子が調理を通して姿を変え、食材としては想定されていなかった形で生命と関わることになったのです(1)、(2)。

健康食品グルコサミン、かたち変われば抗生物質

このごろテレビのＣＭや新聞の広告でもよく見かけるようになったグルコサミンを知っていますか？　２-アミノ-２デオキシ-Ｄ-グルコースともいいます。これが健康食品として販売されるゆえんは関節炎を緩和する作用があるからで、*N*-アセチルグルコサミンは軟骨を形成するプロテオグリカン複合体を構成する成分です。フルクトース-６-リン酸とグルタミンからグルコサミン-６-リン酸、これから６位リン酸が脱離し、そして複数の酵素が関わりグルコサミンが生合成されます。アミノ基がアセチル化された*N*-アセチルグルコサミンはグルクロン酸とともに高分子ヒアルロン酸を形成し軟骨の機能維持に寄与しています。グルコサミンはヨーロッパでは関節炎を和らげる薬

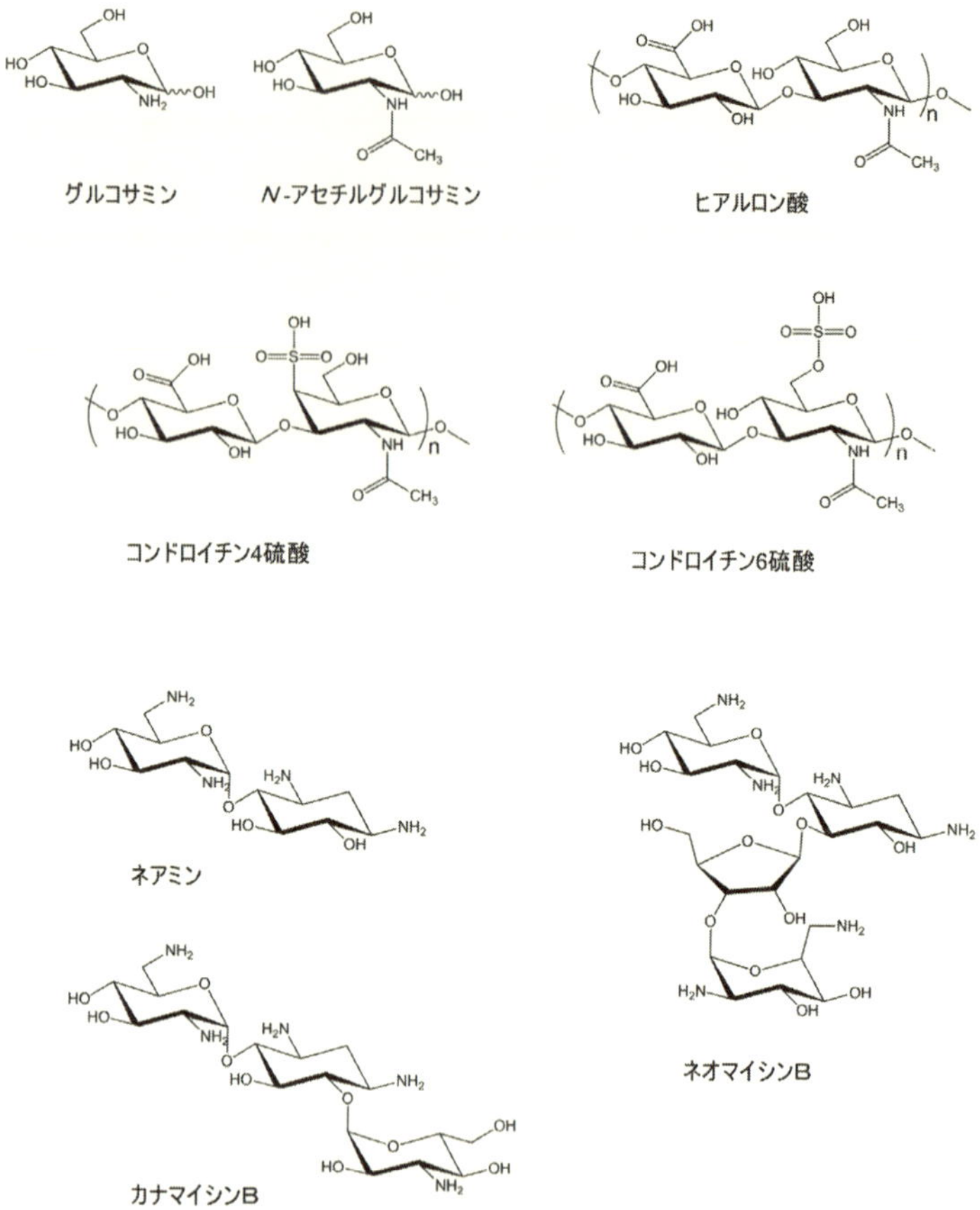

図 1.2　グルコサミン骨格を持つサプリメント、グルコサミン、*N*-アセチルグルコサミン、ヒアルロン酸、コンドロイチン 4 硫酸、コンドロイチン 6 硫酸（上)、同じくグルコサミン骨格を持つ抗生物質、ネアミン、カナマイシン B、ネオマイシン B（下)

として処方されていて、アメリカ合衆国では医薬品としては認可されていないものの、いわゆるサプリメントとして広く供給されています。日本でもグルコサミン・コンドロイチン（正確にはアセチルグルコサミン、コンドロイチン四硫酸およびコンドロイチン六硫酸）などの商品名でサプリメントとして知られるようになりました。

このグルコサミンという構造の単位は様々な別の天然物にも現れます。ネアミン、ネオマイシン、カナマイシン（図１・２）など、これらはアミノグリコシドの一種でバクテリアのリボゾーマルＲＮＡに結合し、遺伝情報の間違った解読を誘起することでバクテリアの死を招く抗生物質です。ネアミン、ネオマイシン、カナマイシンとも６‐アミノグルコサミン単位を持っています。一方で、グルコサミン‐６‐リン酸はグラム陽性菌のｍＲＮＡと特異的に相互作用し、グルコサミン‐６‐リン酸を生合成する酵素の発現を抑制するリボスイッチ（後述、第四章第三節、リボスイッチ）を押す指として働くことが知られました。また、グルコサミンは可逆的に脳細胞内のタンパク質中に存在するセリンまたはトレオニンの側鎖にグリコシル化されることで神経伝達に関わる脳の興奮を誘発することもわかってきています(3)。グルコサミンを共通骨格として持つ化合物が健康食品、抗生物質、遺伝情報の発現、また神経伝達など様々な生理反応を制御する物質として作用しているのです。

実は健康に必須な化合物と毒は紙一重というか表裏一体（化学用語では異性体あるいは誘導体という）であったりもします。サリドマイドは睡眠・鎮静剤として一九五七年から販売され、つわりにも効いたことから多くの妊婦に服用されましたが、生まれた子供たちの中には、四肢欠損（上肢

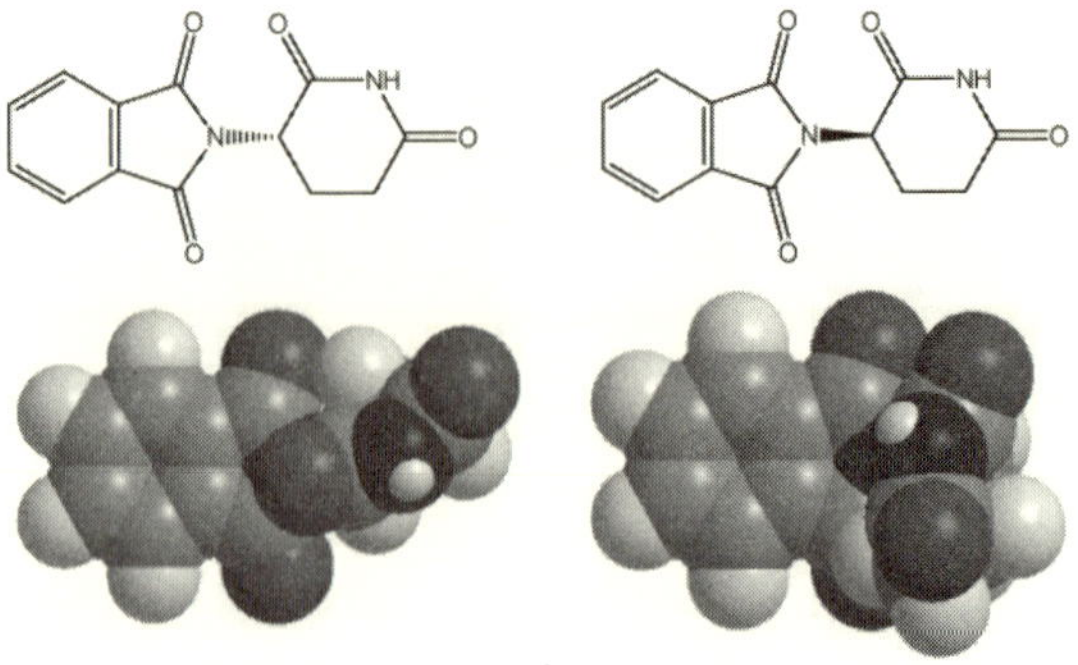

図 1.3　(*S*)–サリドマイド（左）と（*R*)–サリドマイド（右）

の短縮など）が見られることがありました。サリドマイドは鏡像異性体混合物（ラセミ体）として得られます（図1・3）。睡眠・鎮静剤があるのは*R*体で、*S*体に催奇性が認められました。また、*R*体のみを投与しても体内でラセミ化（*R*、*S*の等量混合物）し、*S*体を生じることもわかり、一九六一年には販売が停止されていました（日本では一九六二年に販売停止）。ところが、この同じサリドマイドに抗がん作用が見つかり、二〇〇八年には再発または難治性の多発性骨髄腫に対する効能が認められ、翌二〇〇九年に再販されています。天然および合成された化学物質の構造と生理活性、毒性など生命体との関わり、遺伝情報発現の調節との構造相関、関係性の探求はケミカルバイオロジーの関心事の一つになっています。

第二章　ケミカルバイオロジーの構成要素

―何がケミカルバイオロジーを推し進めるのか？―

ケミカルバイオロジーはこれが独自、独立に発達しているわけではなく、それまでに存在していたいくつもの化学（ケミストリー）が融合し、生命現象の理解を目的として発展している化学です。天然物化学、天然物の分離と精製を支える分析化学、全合成を支える有機化学、生命現象の新たな解析手段を提供する分光学とそれを支える物理化学、生体内で金属の関わる生体分子構造と機能を解明する無機化学、これにケミカルバイオロジー以前から存在する生物化学も含めた複合化学といってよいでしょう。

そもそも多様な現象、化学反応の融合体として発達、存在してきた生命体を理解するためには単一の科学では無理があります。また、電気工学や機械工学など一見「生物学」から離れた分野の人々が生体機能や生命現象に関心を持つのは自然なことで、様々な分野の人々が各自の得意分野を生命の理解に応用するようになり今日の広義の生物学が発達しています。そして近年では、これにコンピューターサイエンス（計算科学）も融合し、生命に対する統計的な理解と予測がなされています。ケミカルバイオロジーは化学を仕事の軸にする人々が化学の方法を用いて生命を理解しようとする一つの方法論なのです。

第一節　プレケミカルバイオロジーとしてのバイオオーガニックケミストリー、バイオミメティックケミストリー

かつて、まだ酵素に代表されるタンパク質やＲＮＡ、ＤＮＡといった核酸を現代のように化学物質（ケミカル）として扱うのは難しかったころに、これら生命分子に代わるミニチュア物質を用いて生命分子の機能を理解しようとしていた時代がありました。代表的なのはクラウンエーテルを用いたイオンの輸送、シクロデキストリンを用いた酵素モデル、脂質二分子膜あるいはリポソームを用いた細胞膜のモデルです。これらの化学はバイオミメティックケミストリー（生体模倣化学）と呼ばれ、その後スプラモレキュラーケミストリー（超分子化学）を経てバイオインスパイアドケミストリー（生体に触発された化学）に発展してきています。

包接化合物を利用した生命反応のシミュレーション、酵素機能の分子的理解

生命活動には様々な金属のイオンが必要です。しかもそれらは生命体内で生産されることはないので、外から取り入れまた排出もされます。不足すればまた取り込む必要があります。しかし、細胞膜は基本的には油膜なのでイオンを透過しません。現在ではチャンネルと呼ばれるタンパク質が存在し、これらが受動的にも能動的にも細胞膜を介してイオンを輸送していることは、チャンネル

タンパク質の構造、機構も含めて詳細に理解されています。ところがそれ以前に、イオノフォアと呼ばれる化合物が発見され金属のイオンと複合体を形成し脂溶化、すなわちイオンの細胞膜透過を可能にすることがわかりました。イオノマイシンはカルシウムと、グラミシジンAはナトリウム、カリウムと、モネンシンはナトリウムと、バリノマイシンはカリウムと複合体を形成し細胞膜を透過することができます。これらのイオノフォアはいずれもバクテリアによって生産されますが、このようなイオノフォアによって細胞内の金属イオン濃度のバランスが崩されることは細胞活動に危機をもたらすため、そのイオノフォアを生産するバクテリア以外の生命体を死滅させる抗生物質として働きます。

これら天然のイオノフォアの発見と時代を同じくしてペダーセン⑷がデュポン在職中に環状化合物を合成し、この化合物が金属のイオンと複合体を形成することを発見して注目が集まりました。この化合物は基本骨格がエーテル結合で繋がれていて、その分子構造は王冠に似ていることからクラウンエーテルと呼ばれています。エーテルを構成する酸素原子には非共有電子対が存在するためこの負の電荷が正に帯電している金属のイオンを引き寄せてつかむのです。また、クラウンエーテルは金属のイオンの大きさに合わせて設計し合成することも可能でした（図2・1）。クラムはこれをアミノカチオンの結合、さらにアミノ酸の不斉識別を可能にするまで改良し分子認識の化学に発展させました。そして生命反応で受け取る側である受容体または酵素を模倣したクラウンエーテルはホスト、納まる側であるイオン、基質をゲストと呼びホスト・ゲスト化学を提唱しました。

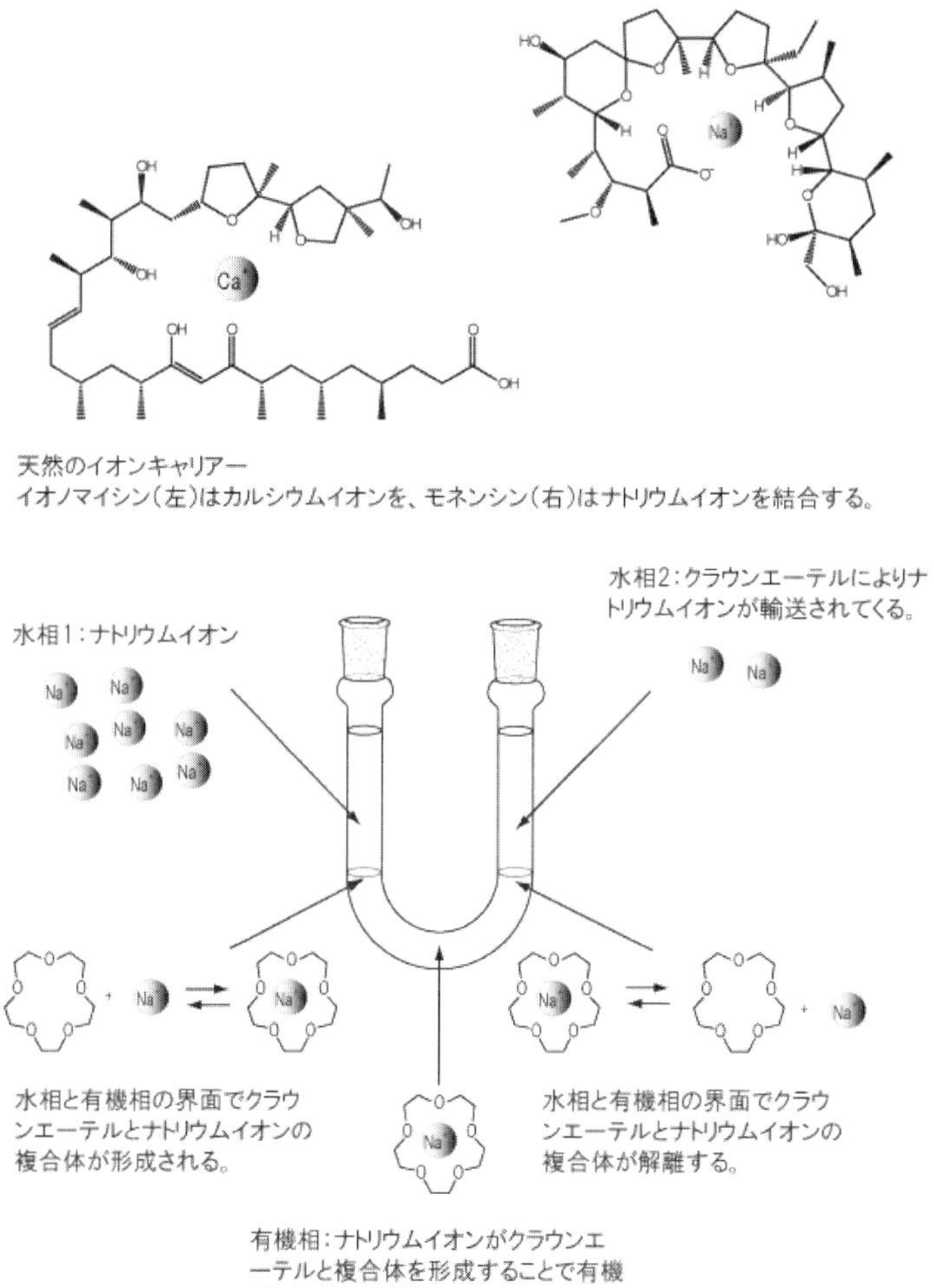
有機相:ナトリウムイオンがクラウンエーテルと複合体を形成することで有機相に溶けて輸送される。

図 2.1　天然のイオンキャリアー、イオノマイシンとモネンシン、人工のイオンキャリアー、クラウンエーテルによるイオンの輸送

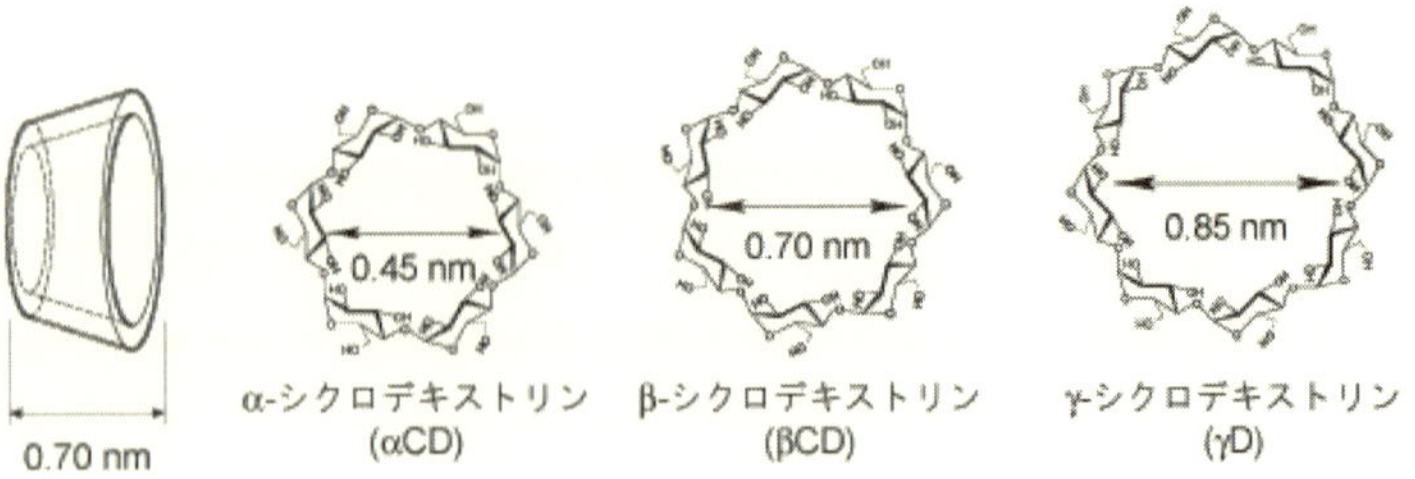

図 2.2　水に溶けないものを可溶化するシクロデキストリン

当時は基質と酵素、ゲストとホストを鍵と鍵穴になぞらえる考え方が一般的にわかりやすく、広く受け入れられました（その後、鍵と鍵穴より、酵素や受容体が基質に合わせて形を変える induced fit という考え方がより現実的と考えられるようになった。）。ペダーセン、クラムは後に複環式のクラウンエーテルであるクリプタンドの研究から超分子化学を提唱したレーンとともに、一九八七年にノーベル化学賞を受けています。

ホスト・ゲスト化学をより現実的な生体模倣（バイオミメティック）として受け入れやすくするためには難点がありました。クラウンエーテルもクリプタンドも水には溶けないのです。生命体の化学反応は水溶液中で進行しますから水溶液中で活躍できるホストの需要が高まりました。また、イオンの取り込みのみならず有機物との複合体形成に関心が持たれたことも相まって、注目を集めたのがシクロデキストリンです（図２・２）。

クラウンエーテル、クリプタンドが人工的に合成された化合物であるのに対し、シクロデキストリンはでんぷんあるいはこれに関連する糖質から、あるバクテリアの持つ酵素が触媒になり生合成される環状のオリゴ糖です。環の外側は親水性で水によく溶けます。また、環の内側は親油性（低極性）であるため水溶液中で低極性の分子をゲストとして環内に取り込む性質があります。これを酵素の基質取り込み部位に見立て、酵素反応の化学的シミュレーションとして理解しようとする試みが数多くなされました。アルカリ水溶液中ではシクロデキストリンの水酸基が解離して求核剤として働き、シクロデキストリンに取り込まれたゲストのエステル結合を加水分解することができます。このような低分子の化合物が酵素のような触媒作用を示すことは当時としては驚きであったようです。

このころには、加水分解酵素の一種であるα-キモトリプシンの三次元構造がX線回折によって解き明かされ、その活性中心を構成するアミノ酸がセリン、ヒスチジン、アスパラギン酸であることが特定されていました。また、加水分解反応ではこれらのアミノ酸の側鎖が連携した結果、セリンの側鎖である水酸基が求核剤として働くことが仮説として提唱されました[5]。この仮説をもとにβ-シクロデキストリンにヒスチジンの側鎖であるイミダゾールと、同じくアスパラギン酸の側鎖であるカルボキシレートを持たせた修飾シクロデキストリンにより、もともとシクロデキストリンにある水酸基をα-キモトリプシン中のセリンの側鎖と見立てて活性化することで基質エステルの加水分解がなされ、上記のモデルが正しいことが実験的に証明されました[6]（図2・3）。また、RNAを切断するリボヌクレアーゼの活性中心には二つのヒスチジンが存在します。そこで二つのイミダゾール基をシクロデキストリン上に配置したシクロデキストリンビスイミダゾールにより、二つのイミダゾールのうち一つは酸として、また、もう一つは塩基として協同的に働くことでリボヌク

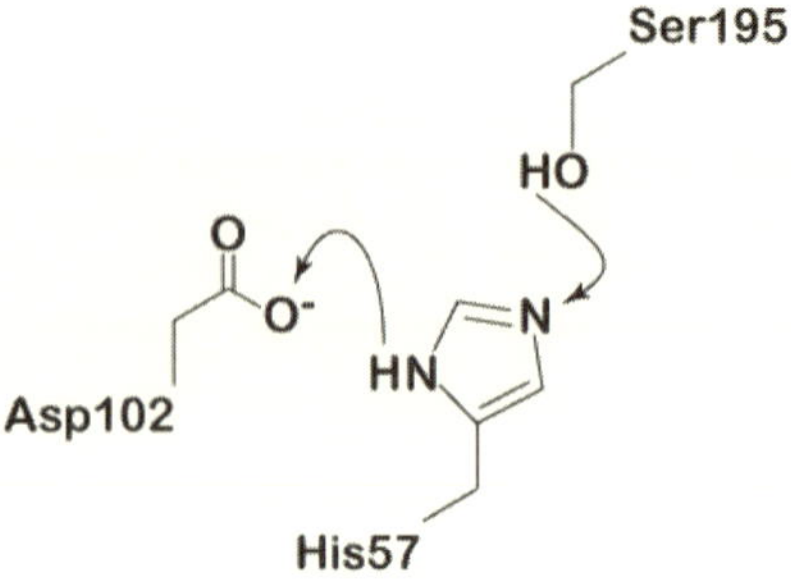

α-キモトリプシンではセリン(195)、アスパラギン酸(102)、ヒスチジン(57)で構成される触媒の活性中心でプロトン移動がなされ、セリンの水酸基が求核剤として活性化される。

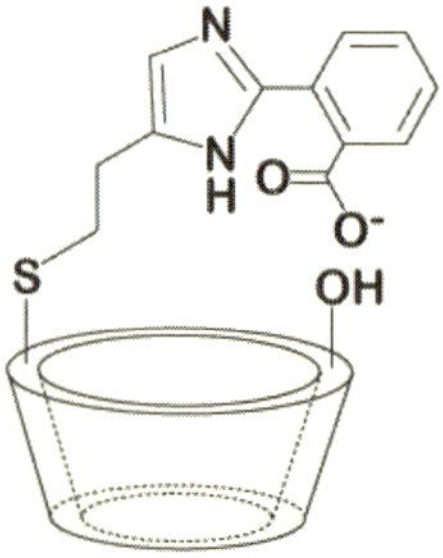

2級水酸基側にα-キモトリプシンと同様にイミダゾール、カルボキシレート、水酸基を合わせ持つ修飾β-シクロデキストリン

図 2.3 α-キモトリプシンの活性中心（上）とこれのモデル化合物である修飾シクロデキストリン（下）

レアーゼがRNAを加水分解する際の生成物として3'末端の解裂体のみを与える反応機構を説明しました(7)（図2・4）。

シクロデキストリンを用いた酵素モデルの研究は現在のように遺伝子工学の手法が十分に発達する以前に、酵素の反応機構に与えられた仮説を証明するうえで有用な実験結果を与えています。しかし、シクロデキストリンは基質に対する識別性に

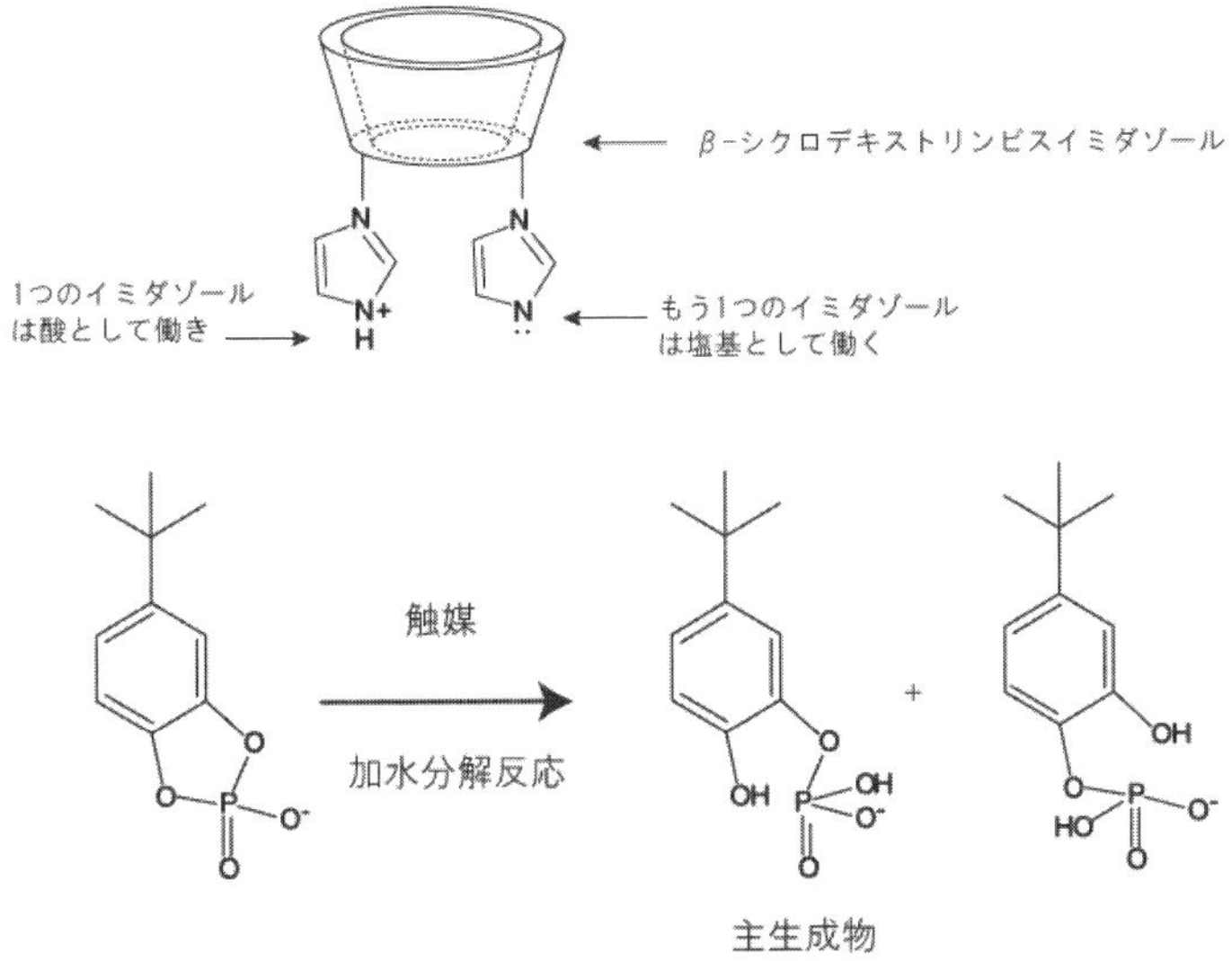

図 2.4　シクロデキストリンビスイミダゾールを触媒とする環状リン酸の加水分解

乏しいため、今のところは実用的な人工酵素としては用いられていません。むしろシクロデキストリンそのものは水に溶けにくい物質を溶かすための可溶化剤として、または香料などの徐放剤として広く用いられており、皆さんの周りにも「環状オリゴ糖」という表記で食品や化粧品に見つけることができます。

リポソームを用いた模倣細胞膜

細胞膜は脂質二分子膜を基本的構成要素とし、脂質膜の海に浮かぶように貫通しているタンパク質が様々な機能を付加しています。また、細胞内部にまで目を向けると細胞の機能は複雑で特定の機能だけを取り出して観察、解析することは容易ではありません。細胞膜は脂質の集合体として構成され、これを覆うタンパク質の繊維が隔壁としての強度を与えています。そこで、細胞の外側と内側を分ける隔壁としての役割だけを提供する模倣細胞膜としてリポソームが用いられるようになりました。

天然の細胞膜が複数種類の脂質からなるのに対しリポソームは単一の脂質からも構築可能で、大きさや膜厚も任意に制御できることから細胞の模倣体として膜内外の物質移動をはじめ、様々な細胞膜機能を模倣するモデルとして用いられてきました。また、天然の細胞と同じリン脂質で構成されるリポソームは天然細胞と融合しリポソームの内容物を細胞膜中で注入することができるため、細胞に対するドラッグデリバリーのキャリアーとして積極的な応用と開発がなされています。あらかじめ薬物をリポソーム内に封じ込めておくと、この薬物内包カプセルとしてのリポソームが細胞と出会うときに膜融合が起こり、リポソーム内の薬物は細胞内に取り込まれます（図2・5）。この方法はリポフェクションと呼ばれ、標的細胞に特定の遺伝子を導入する方法として分子生物学の研究でも利用されています。また、細胞膜の表面は多糖の外壁で被覆されていますから、これら標的細胞の外壁と認識性の高い糖で修飾した脂質を用いてリポソームを調整すれば細胞特異的な薬物輸送、ドラッグデリバリーが達成されます。

リポソームはまた生命の起源を説明する実験でも細胞のモデルとして用いられています。ジャック・ショスタックら(8)はリポソームを用いて細胞内におけるＲＮＡを触媒とする化学反応を行いました。ショスタックは生命体として欠くべからざる機能として「自己複製」と他の生命単位とは区

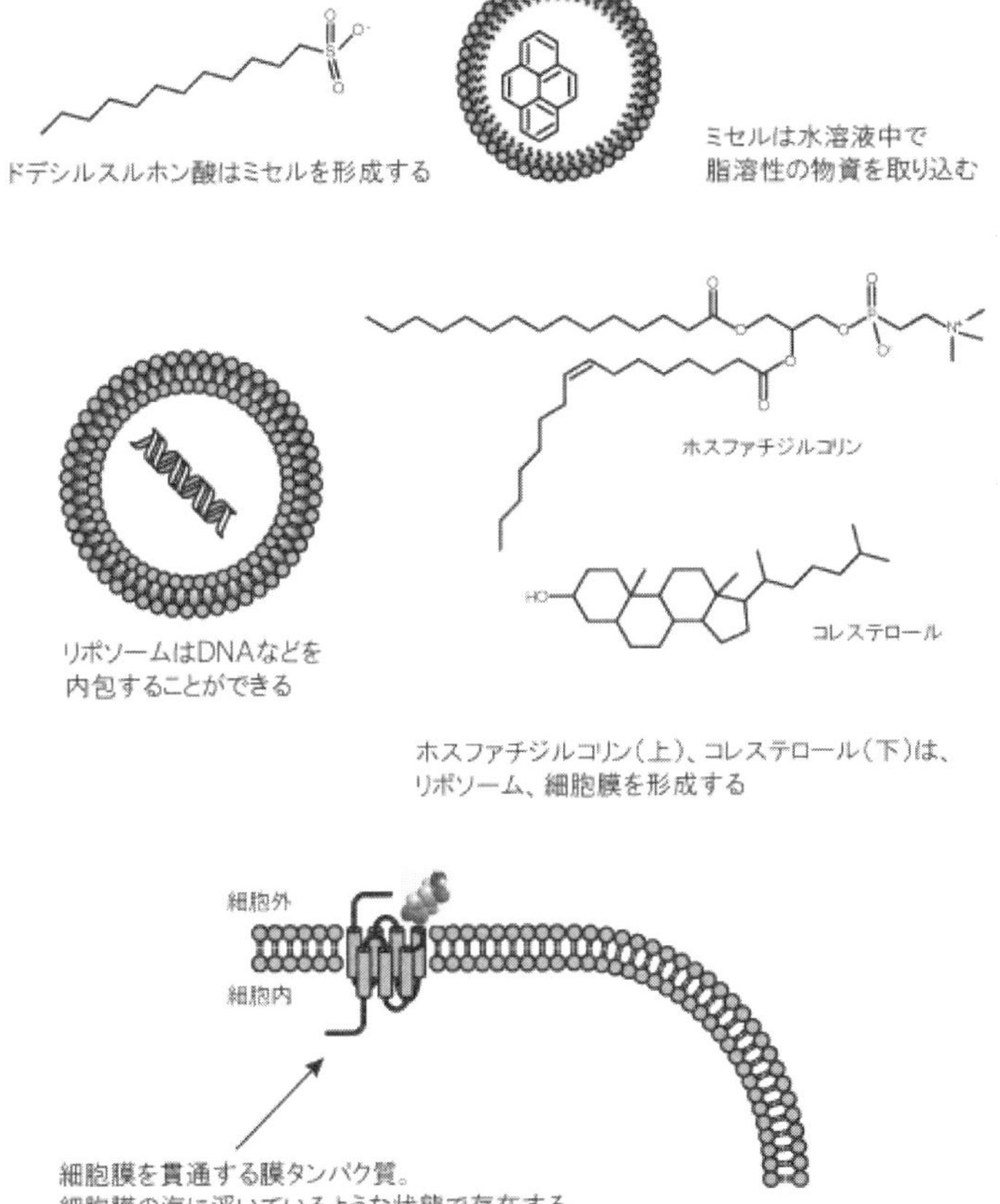

図 2.5　ミセル、リポソーム、細胞膜の断面とこれらを形成する脂質分子

分された「隔壁」すなわち細胞膜を挙げています。複数の混合脂質からなるリポソームで細胞膜を模して二価のマグネシウムイオンの透過を実現し、これを引き金にハンマーヘッドリボザイムのセルフスプライシング（自己開裂反応）を観測しました。リボザイムのセルフスプライシングについては第四章第二節で、生命の起源を模倣する実験は第六章第五節で述べます。リポソームという人工の細胞内でＲＮＡを介した遺伝情報の編集を再現したことは「自己複製と隔壁」という生命の定義に説得力のある実験的な根拠を与えています。

バイオミメティックケミストリーその後、スプラモレキュラーケミストリーとバイオインスパイアドケミストリー

バイオミメティックケミストリー（生体模倣化学）はその後、分子認識と分子自己集合の化学が融合しスプラモレキュラーケミストリー（超分子化学）へと発展しました。自己集合により機能分子を積み上げる手法はやがてナノテクノロジーとも結びつき、ナノマテリアル、ナノデバイスを生み出していきます。総合的に生命機能（たとえば細胞機能まるごと）を超えることは今のところ現実的ではありませんが、ある一つのあるいは限られた機能については生命を超えることができるという歴史的事実があります。これまでにも人類はヒトにはない他の生命の機能を模倣することで、自動車や船舶、飛行機を発明し、いずれの場合も馬、魚、鳥より早く移動することが可能になっています。

近年は、ナノテクノロジーの発想から「分子のレベルで生命に学び生命を超える機能開発の化学」としてバイオインスパイアドケミストリーが提唱され、生体分子を超える機能の創製と新たな技術開発が目指されています。バイオインスパイアドケミストリーにより生体分子本来の機能とはやや違った能力を引き出した例がいくつかあります。従来は生命情報を蓄積するだけの役割であったDNAを精密合成のためのテンプレートとして用いる合成方法が開発され、これを連続的に行うことで複数の化合物のライブラリーが作製されました。情報分子としてのDNAを認識と近接場効果による精密な選択的触媒に変えてしまったわけです。テンプレートのDNAに対し基質（パーツ）を運ぶキャリアーDNAを割り当てます、遺伝子のコドンのように順次パーツを連結していきます。

方法は三つで、①キャリアーDNAの5'末端と3'末端それぞれに基質を配置して連結する。②ヘアピン型DNAをテンプレートにキャリアーDNAを配置し基質AとBを連結する。③異なる基質と接合したキャリアーDNA同士に二重らせん構造体を作らせ基質AとBを連結する（図2・6）。いずれかの方法でも「DNAの二重らせん構造の形成と基質同士の反応」、「二重らせん構造の解消」を繰り返すことで天然には存在しない生理活性のある環状ペプチドや酵素阻害剤など、新薬の候補が合成されています。また、キャリアーDNAはそれを構成する塩基の数 n によって四の n 乗の組み合わせがあります。これにそれぞれ異なる基質を割り当てることで化合物の組み合わせがライブラリー化できます。すなわち、DNAをテンプレートとするコンビナトリアルケミストリーです（第二章第三節参照）。DNAテンプレート合成から構築された一〇〇〇を超える化合物ライブラリーか

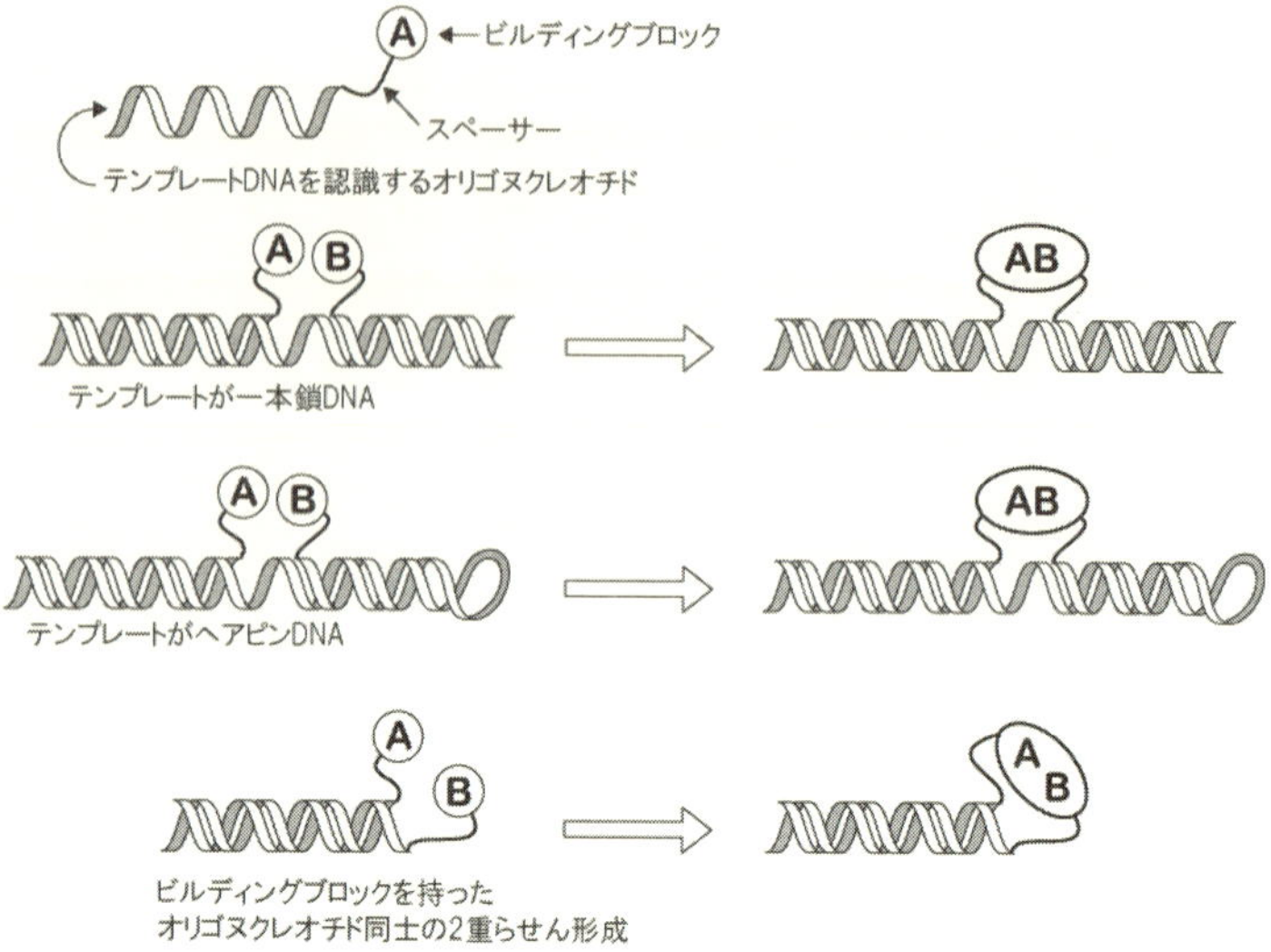

図 2.6　DNA をテンプレートとする精密合成

らもスクリーニングによって薬物の候補が発見されてきています(9)。

テンプレート合成のメリットは単にコンビナトリアル合成に結びつくだけではなく、天然の反応系では起こりえない基質間の特別な配置効果による非天然物の合成を可能にしているところです。ほかにも、光合成の反応中心の原子レベルの機構が明らかになるにつれ、その素反応を模倣しエネルギー創製に応用しようという試みが数多くなされてきています。生命の巧みなエネルギー変換の仕組みをヒントにそれを人工物に置き換え、生命の姿ではなく機能だけを模倣するわけです。こちらはケミカルバイオロジーというより物理化学、応用物理学の分野なので、人工光合成のお話しはまたの機会に譲ることにしましょう。

第二節　ケミカルバイオロジーの源流をなす天然物化学

天然物化学は十九世紀前半ころから有機化学の一分野として発達してきました。ドイツの化学者フリードリッヒ・ヴェーラーによって偶然合成されたウレアに端を発し、生体内で合成される天然物を人工的に合成することから始まっています。十九世紀当時はまだ無機物と有機物は完全に起源の異なる物質であると考えられていました。しかし、一八四五年に同じくドイツの化学者ヘルマン・コルベが二硫化炭素から酢酸を合成しそれまでの化学の常識を覆しました。また、同じ年にはマラリア原虫に対し毒性を持ち、天然の蛍光色素でもあるキニーネが見つかり、一八五九年にはロンドンのウィリアム・ヘンリー・パーキンがこれを合成しようとする過程で初の合成染料となるモーブ（モーベイン）を合成しています。なお、キニーネ自体は一九四四年にハーバードのロバート・バーンズ・ウッドワードが合成に成功しました。その後も天然物合成化学は薬物合成化学と結びつき、合成法の開発と創薬への応用がなされてきています（図２・７）。

ケミカルバイオロジーを進める天然物の単離と精製

天然物を単離する試みは古くから広くなされてきましたが、二十世紀に入るまでその主たる方法は蒸留と再結晶、透析、試料の溶媒に対する溶解度を利用した沈殿の形成などに依存していました。

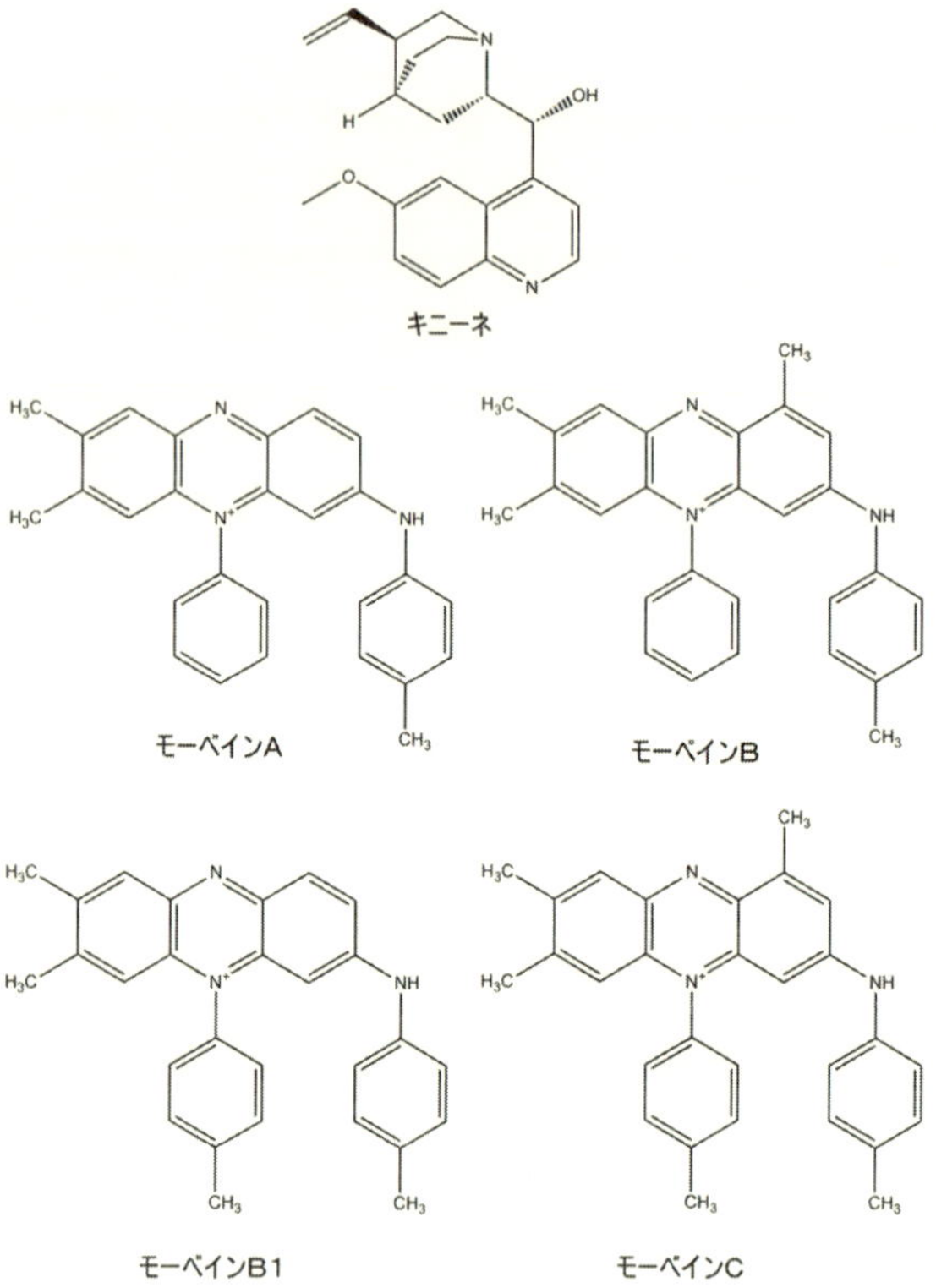

図 2.7　キニーネとモーベイン。合成された天然物

二十世紀に入って、混合試料を担体と呼ばれる固定相とこれを通過する移動相との親和性（引力）の差を利用して分離するクロマトグラフィーが発達し、それまで難しかった天然物の単離を可能にしました。クロマトグラフィーはロシアの植物学者ミハイル・S・ツウェットが植物由来の色素を分離することに用いたのが始まりです。色素はその分子構造に依存して担体とな

るろ紙との親和性（引力）が異なるため担体上を移動する速度が異なります。親和性の強い色素はゆっくり移動し、逆に親和性の弱い色素は早く移動することになります。このような性質は色素以外の分子にも応用できるため、様々な分子の分離にも利用されるようになりました。一方、二十世紀初頭はタンパク質に代表される生体分子の分離は透析、電気泳動、遠心分離に頼っていました。しかし当時の電気泳動、遠心分離はまだ発展途上の分離技術でタンパク質の分離などにはまだ満足な結果を提供していなかったため、より分解能の高い新たな方法が切望されていました。

一九五〇年代の初め、北欧で電気泳動の研究を続けていたティセリウス(10)は電気泳動中の対流を防ぐことを目的に充填剤としてでんぷん、セルロースを試していました。一般に電気泳動ではより体積の小さい分子が大きな分子に先駆けて泳動されますが、これに従わない現象が観測されてきます。ティセリウスの弟子であったポラスと、同じく弟子でファルマシア社に勤めていたフロディンは多糖重合体であるでんぷん、そしてセルロースと同様にグルコースの重合体であるデキストランに注目し新たなポリマー担体を完成させ、ファルマシア社からセファデックスの商品名で販売されるようになりました。セファデックスはセパレート、ファルマシア、デキストランの初めの文字を取ってできた造語です。この方法はティセリウスの提案で「ゲルろ過（gel filtration）」と呼ばれるようになり、現在の「分析化学」では排除体積クロマトグラフィーとして解説されています。ファルマシア社は今ではＧＥヘルスケアバイオサイエンスの傘下に入り社名は聞かなくなりましたが、セファデックスの商品名は残っていて現在でもタンパク質精製、ＤＮＡなど核酸精製に欠かせない方

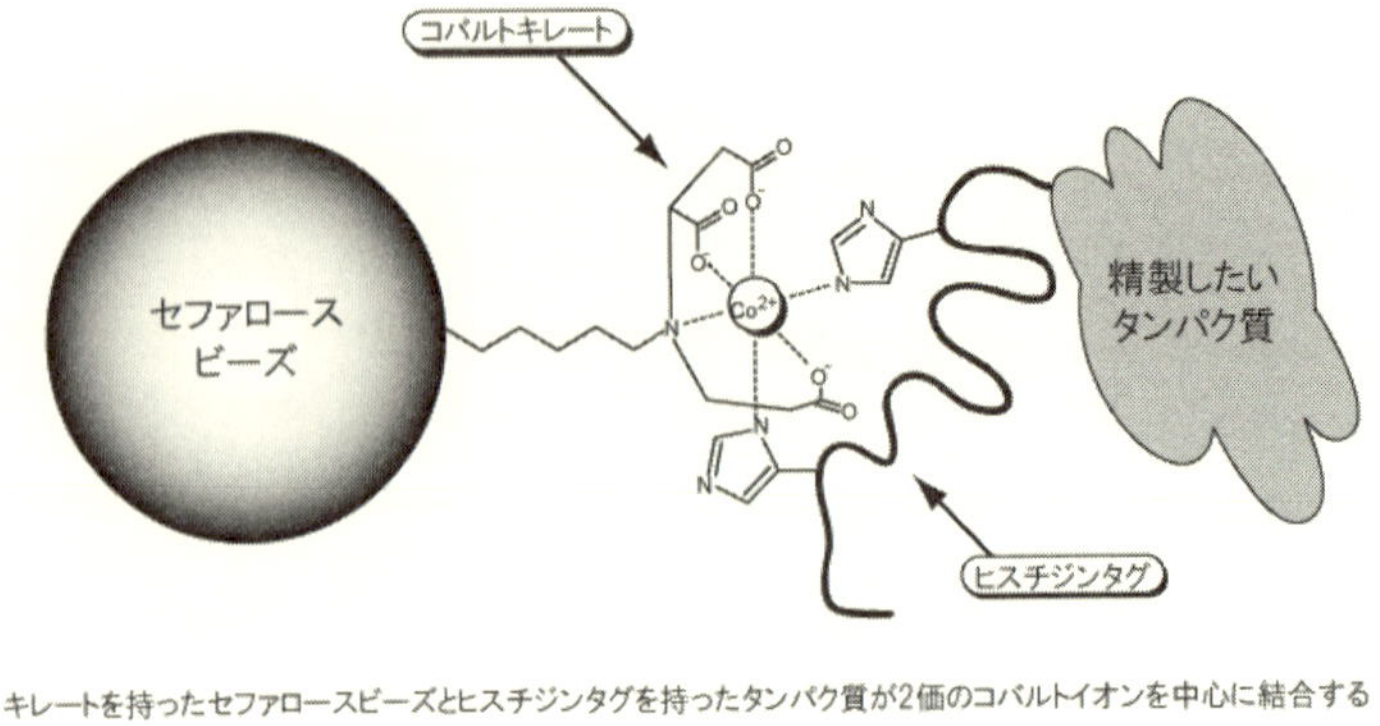

キレートを持ったセファロースビーズとヒスチジンタグを持ったタンパク質が2価のコバルトイオンを中心に結合する

図 2.8 ヒスチジンアフィニティークロマトグラフィーによる目的タンパク質の精製

法の一つです。

ゲルろ過の登場よりずっと後の一九八〇年代になって、遺伝子工学とともに注目しているタンパク質の単離精製を容易にしたのがアフィニティークロマトグラフィーです。関心のあるタンパク質の遺伝子配列が特定できると、その遺伝子を大腸菌などのより簡単な細胞に導入し大量に作製することが可能になりました。目的タンパク質の末端に特定物質と特異的な相互作用を持つアミノ酸配列を導入しその相互作用を利用して目的のタンパク質を精製します。特によく用いられているのがヒスチジンアフィニティークロマトグラフィーです。

ヒスチジンはアミノ酸の一種で側鎖にイミダゾール基を持っています、これは二価の金属イオンに配位結合することができます。コバルトやニッケルは二価の陽イオンとして六配位、六つまでの配位子を受け入れることができます。タンパク質の末端に位置するヒスチジンと樹脂担体の配位子でコバルトを介してキレートを形成し目的のタンパク質を捕まえることができます（図２・８）。捕まえた目的のタンパク質をイミダゾールの水溶液で溶出し、前述のセファデックスでゲルろ過することで目的のタンパク質とイミダゾールを分離します。今日この方法は未知のタンパク質の構造解析、物性解析などの目的で特定のタンパク質を精製する際に広く用いられています。

これらのクロマトグラフィーは、その後さらに発達した電気泳動とともにタンパク質や核酸の分離で活躍しています。また、移動相を加圧することによって分離能をさらに向上させる高速液体クロマトグラフィー（ＨＰＬＣ）[11]の登場で天然物の分離が飛躍的に容易になりました。今日ではＨＰＬＣと質量分析計（Mass Spectrometry, MS）を組み合わせたＬＣ-ＭＳによって、天然物の分離と同定が自動化し、データベース化されるに至っています。

天然物の構造決定、重さを測る、かたちを決める

単離された物質は次いでその構造決定が求められます。古くは一定量の試料を燃焼することにより生成される気体を定量し、その物質の組成式（炭素、酸素、水素、窒素などの一分子中での割合を決定する。これは元素分析として今日でも比較的簡単な化合物の組成決定に用いられている。）を求めていました。

今日ではまず分子の質量が決定されます。質量分析法（マススペクトロスコピー）は基本的には試料をイオン化し、検出器までのイオンの道程の相違あるいは飛行時間の相違で分離して検出する方法です。分子量が一〇〇〇程度までの小分子化合物については早くからこの方法が発達し、合成した小分子有機化合物の同定でも今日なお威力を発揮しています。しかし、タンパク質のように質量の大きい分子はイオンにすること自体が難しく、またイオン化の過程で分子そのものが崩壊してしまいがちです。実はその後、このイオン化に伴う自己崩壊という現象を利用してタンパク質のアミノ酸配列の決定も質量分析とともにできるようになってきたのですが、当初はいかにタンパク質を崩壊することなく安定なイオンとして検出器まで到達させるかということが課題でした。

島津製作所でタンパク質の質量分析に取り組んでいた田中耕一氏はタンパク質をコバルトの微粉末とグリセリンのマトリクスで包み、レーザーのエネルギーをいったんコバルトに吸収し、そこからタンパク質にエネルギーを受け渡すことでイオン化する方法、マトリクス支援イオン化法を発見しました。現在では、マトリクスとしては2,5-ジヒドロキシ安息香酸などの芳香環を持つ化合物が採用されるようになっています。イオン化したタンパク質はその質量に依存した飛行時間から質量を決定することができます。別の方法、スプレーイオン化法によってタンパク質の質量分析に成功していたジョン・フェン、核磁気共鳴によりそれまでは難しいとされていた大型のタンパク質の構造決定法を開発したクルト・ヴュートリッヒ、田中耕一の三氏に二〇〇二年ノーベル化学賞が授与されました(12)。

タンパク質の単結晶、あるいはタンパク質-核酸の共結晶が得られれば、分子を構成する原子間結合の角度に依存したX線の回折によって構造が決定できます。この場合はいかに「よい結晶」を作り出すかということに成否が依存することになります。また近年は、核磁気共鳴（ＮＭＲ）の装置と解析プログラムの発達により複雑なタンパク質の構造が解き明かされるようになりました。ＮＭＲというのは簡単にいうと磁気を持った原子核の個性、すなわち同じ原子でも分子構造に依存して共鳴周波数が異なることを利用した構造解析方法です。医療で用いられているＭＲＩはＮＭＲと原理的には同じものです。ＮＭＲでは試料のタンパク質が結晶である必要はなく水溶液中でも観測可能です。溶液中におけるタンパク質や核酸の揺らいだ構造のダイナミクスまでもが決定できるようになりました。また近年では、単一分子の構造解析から、分子間相互作用など分子の関係性の解析に関心が移りつつあり、タンパク質と薬物、タンパク質とＲＮＡやＤＮＡとの複合体の構造解析に関心が集まっています。

生体分子の構造解析は計算化学とも結びつきタンパク質の構造を予測する試みがなされていますが、現在のところはまだスーパーコンピューターを駆使してもタンパク質のアミノ酸配列、あるいは遺伝子配列からタンパク質の三次元構造を予測するには至っていません。

天然物の合成

天然物の全合成は目的化合物の獲得のみならずその合成研究の過程で様々な利益をもたらします。目的物にたどり着くまでに多様な合成方法が考案され、最終的には最短経路として唯一の経路が選択されますが、その他の合成法も方法論の提供のみならず、想定されていなかった果実を生む

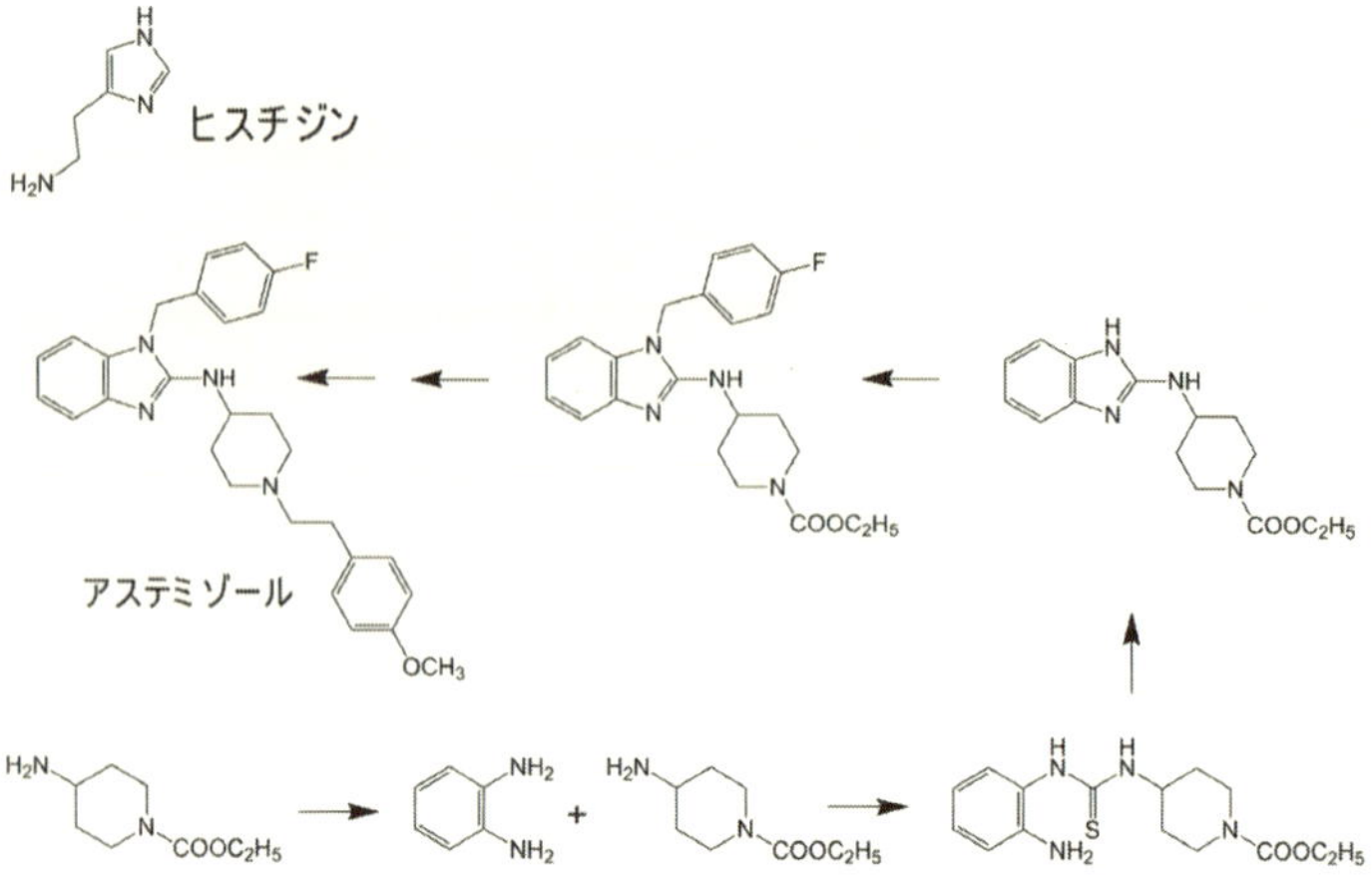

図 2.9　レトロ・シンセシスによるアステミゾールの合成

のです。前述のキニーネを合成しようとして得られた合成染料モーブはその例です。また、全合成は生合成の経路に対する推測を立証するにも有効で、天然物化学は①天然物の単離精製、②天然物の構造決定、③合成経路の決定に寄与し、またそれを薬物として利用する際に大量合成法の手掛かりを与えます。

一般に動物や植物から精製される天然物の量は極めて微量であり、その詳細な物性と機能を明らかにするために、また有用な化学物質を特定して製品化する際にも化学合成により安定供給される必要があります。また、ひとたび構造が明らかにされれば、一見複雑な化合物もレトロ・シンセシス（逆合成）の方法論によって合理的な合成経路を立案することが可能になりました[13]。構造が決定された天然物の化学合成にかかる時間とコストはその構造の複雑さの度合いにも依存しますが、基本的には、既知の化学反応を複数組み合わせることで合成が可能です。レトロ・シンセシスとは目的となる最終化合物の一段階前の化合物を想定し、その間の反応を考えます。またもう一段階前、すなわち目的化合物から二段階前からの合成経路を考える。これを繰り返すことで最終的には簡単に入手可能な前駆体、あるいは市販の試薬までたどり着き最終化合物までの全合成経路を立案することができます。アステミゾールは季節性鼻炎（いわゆる花粉症）の治療薬として処方されていたヒスタミン受容体拮抗剤です（現在は副作用のため製造販売が中止されている）。一見複雑に見えるこの化合物も一段階ごとにより簡単な化合物にさかのぼると六段階で導かれます(14)（図２・９）。

第三節　合成化学とケミカルバイオロジー

バイオケミストリーからバイオオーガニックケミストリー、バイオミメティックケミストリー、天然物化学、これらの化学における有機合成化学がパワフルなツールであることにはすでにお気づきでしょう。合成化学は単に生体分子の模倣を成し遂げる手段のみならず、バイオミメティックケミストリーが登場するもっと以前から薬物探索の一手段として積極的に生命の理解と向き合ってきています。最近では抗体医薬、核酸医薬などが実用化されてきていますが、今日なお多くの医薬品が合成化学によって造られているのが現実です。合成化学による医薬品の多くは酵素阻害剤、受容体に対する阻害剤として、酵素あるいは受容体に対する天然の基質をもとにそれらに類似した構造体として設計されることが多く、ある意味で天然物のミミック（mimic, mimetic. ミメティックとほぼ同義語）といってもよいかもしれません。薬物合成化学（メディシナルケミストリー、medicinal chemistry）は天然物合成化学とも関わり、合成化学の手法そのものも発達させてきました。

目的指向型合成と多様性指向型合成

酵素阻害剤のように合成しようとする化合物の目的と使命、あるいは構造などが定まっている化合物を合成することを目的指向型合成（target oriented synthesis, TOS）と呼んでいます。これとは対照的に多種多様な化合物群を一定の合成理論に基づいて同時進行で合成する方法論も発達してきました。構造的に関連する、あるいは類似した反応により導かれる一連の化合物群をライブラリーと呼び、このライブラリーから目的にかなった化合物をスクリーニングで見つけ出そうというものです。組み合わせ論的に化合物を設計することからコンビナトリアルケミストリーと呼ばれ、一九九〇年代にその方法論も含めて急速に発達しました。目的化合物の合成には時間もコストもかかるので、どうせ手間暇かけるなら、他社より豊富なライブラリーを持ちそこから有用な薬物を見つけ出そうという考え方がメガファーマを中心に広まりました。残念ながらライブラリーの母数に比べて成功した薬物として世に出ている例は少ないのですが、コンビナトリアルケミストリーのコンセプトはその後も多様性指向型合成（diversity oriented synthesis, DOS）として引き継がれています。

コンビナトリアルケミストリーの歴史は一九六〇年代のメリフィールドによるポリペプチドの固

相合成法の開発までさかのぼることができます[15]。基本的には固相合成法は同じ種類の反応（たとえば縮合反応）を繰り返して目的化合物を得る場合は特に有効で、複数のモノマーからなるオリゴマーに適用できます。やがてポリペプチド合成は自動合成に発展しました。固相合成法というのは担体となる樹脂（固相）に出発物質を化学結合させ、これにビルディングブロックと呼ばれるパーツを順番に化学結合で連結していきます。すなわち、目的物は樹脂上に成長するため各反応を終わるごとに樹脂をフィルターに乗せてろ過することで余分なビルディングブロック、縮合剤などの試薬、溶媒を洗い流します（図２・10）。次いで改めて新しい溶媒に次のビルディングブロックを含む必要試薬を溶解し反応を開始すれば、担体となる樹脂上に順次モノマーが連結した目的物が伸長していきます。

ポリペプチドと同様に①保護基の切除、②次のモノマーの縮合反応による導入、この繰り返しで目的のオリゴマーが合成できるＤＮＡは固相法を用いて自動化、商業化されるに至りました。インターネットを通じてコンピューターの端末から欲しいＤＮＡの塩基配列を入力すると、自動合成機は夜通し働き続け、今日発注した合成ＤＮＡは翌午前中には研究室に配達されるようになっています。ポリペプチドやＤＮＡの縮合反応はポリマーレジンを担体とする固相合成法で最も発達した反応で様々な溶媒、縮合剤が開発されコンビナトリアルケミストリーとしての完成度も高いといえます。ほかにも酸化還元反応、求核置換反応、求核付加反応、さらには炭素-炭素結合の形成反応にも応用が進んでいます。固相法によるコンビナトリアル合成には主として次の二つの方法があります。

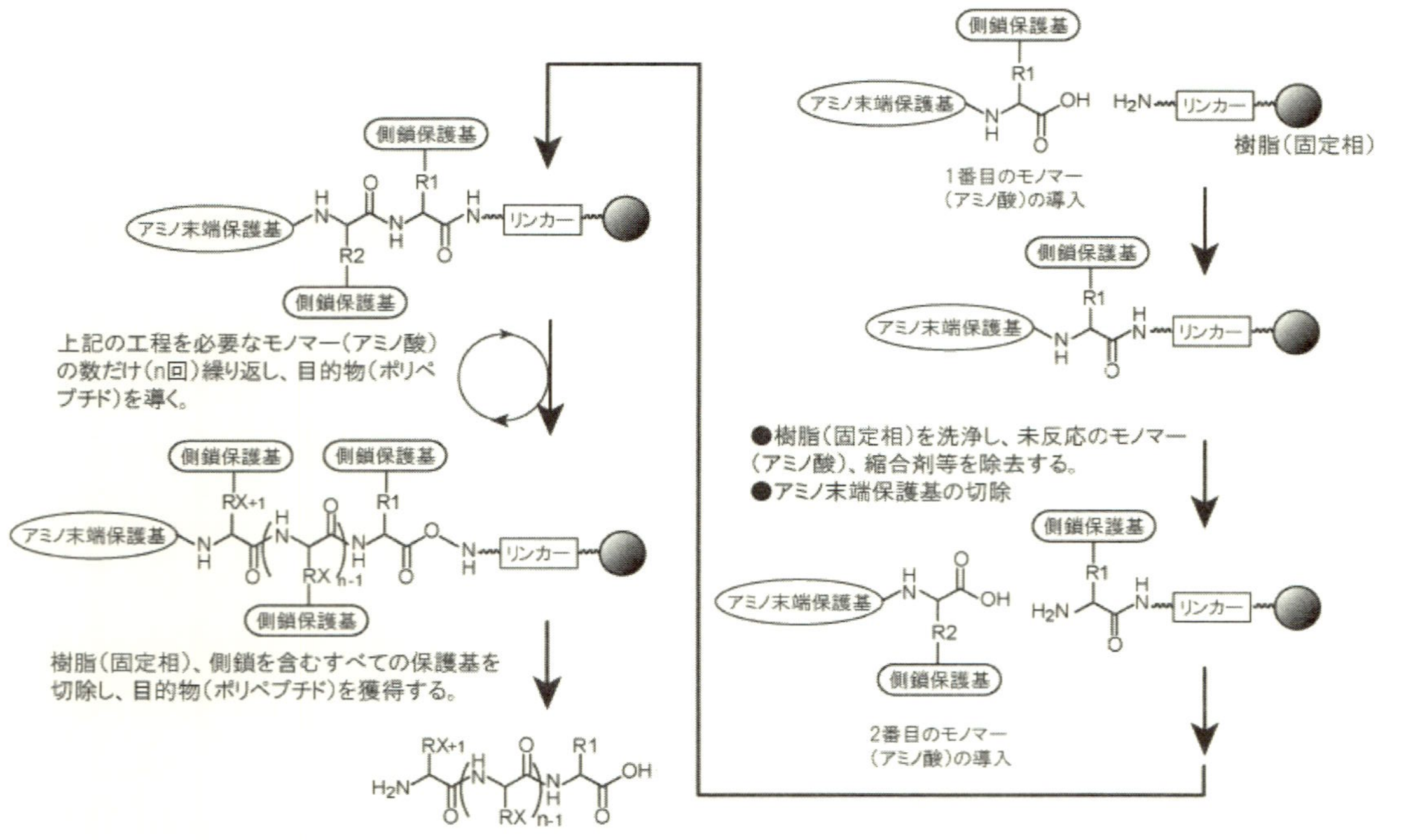

図 2. 10　固相合成法。この図はペプチド合成を例として示した。

スプリット合成

コンビナトリアル合成では担体上のアミノ基などのリンカーの先に目的となる化合物を伸長する方法がよく用いられます。樹脂にビルディングブロックとなる単量体の導入を行うごとに分割し、それぞれに異なるビルディングブロックを導入した後にこれらをすべて混合します。再び樹脂を分割（スプリット）して次のビルディングブロックを導入していきます。これを繰り返すことで、それぞれの反応器の中に異なる配列を持った化合物のライブラリーを構築することができ、原理的には樹脂一粒あたり一つの化合物ができることになります。図2・11では三段階の反応で一六種類の化合物ができています。

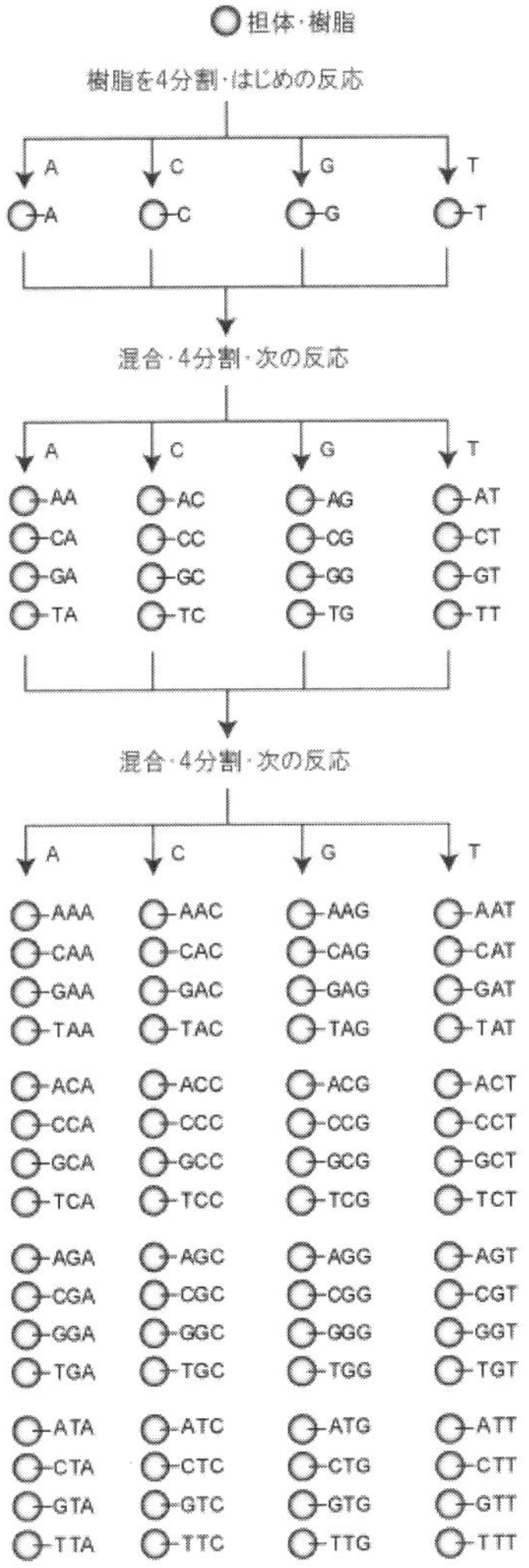

図 2.11　スプリット合成によるケミカルライブラリー

これに対し、固相樹脂に混合したビルディングブロックを導入する方法があります。この場合は樹脂に結合しているビルディングブロックの立体障害などの特徴には依存せず各ビルディングブロックの反応性が同等であることが前提となります。たとえば、モノヌクレオチドを連結してDNAを合成する際にA、C、G、Tの塩基を混合して伸長反応を繰り返すと、その回数分のDNA配列をランダマイズすることになります。このランダム配列を持ったDNAテンプレートをもとにRNAポリメラーゼを用いてランダム配列を持ったRNAを合成できます。この方法は後に述べる進化工学手法（第五章第二節）によるRNAアプタマー、あるいは特定の反応に触媒作用を発揮するRNA触媒の獲得で活躍しました。

パラレル合成

獲得しようとする目的物の数だけ樹脂を分け、それぞれのバッチに対して個別にビルディングブロックを与え伸張させていく方法です。バッチ（反応器）の数だけ異なる化合物が得られ、単一化合物のライブラリーとして得られるため特定の目的や使命に対する評価をしやすいという利点はあります。現在では試薬として簡単に購入可能になった合成DNA、合成ポリペプチドはこの方法で作られます。ライブラリーが完成した時点で各々の化合物が特定されており、配列や構造も明らかなため特定の標的、たとえばタンパク質との結合特異性などを評価する上では扱いやすいのですが、前述のスプリット合成と比較すると、最終的な化合物の収量は合成を開始する反応の規模と反応の

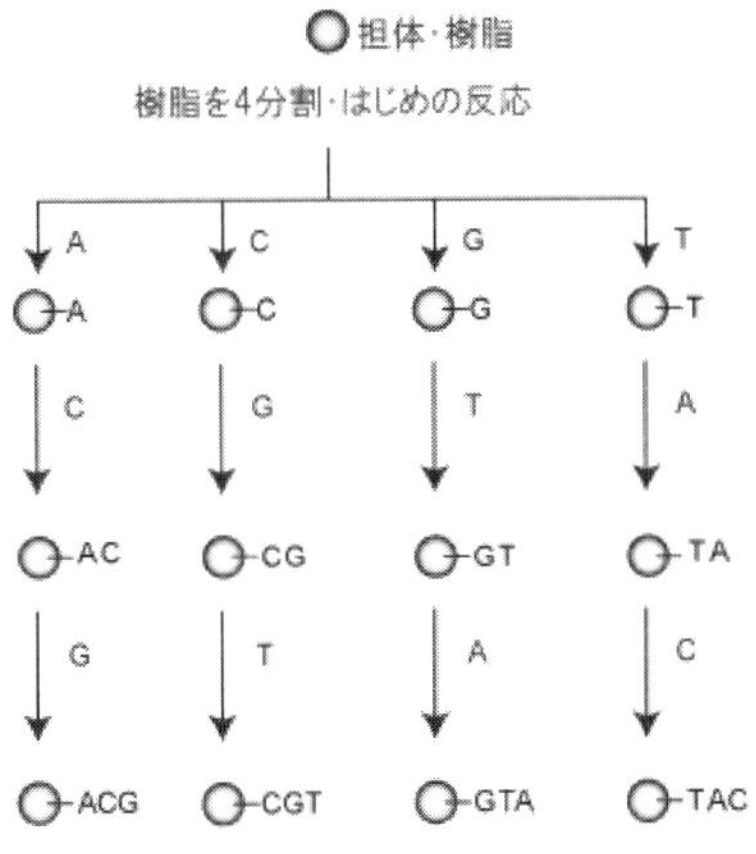

図 2.12　パラレル合成による設計された配列を持った化合物

段階の数に依存してくるため、一度に構築できるライブラリーの規模（化合物の種類）も小さくならざるを得ません（図２・12）。

スプリット合成、パラレル合成ともに合成、精製の自動化が必須で、試薬、溶媒の分注、反応混合溶液の攪拌、クロマトグラフィーによる多種試料の迅速な精製をこなすロボット、コンピューターのプログラムが発達しました。

デコンボリューション

前述のスプリット合成では最終産物が混合物として得られます。ここからそれぞれの成分を単離精製して活性の評価を行おうとすると膨大な時間を要するので、混合物ライブラリー（サブライブラリー）を混合物のまま評価を行い、目的の活性があったプールについてその合成履歴からプールに存在する化合物の配列を割り出します。たとえば、図２・13でプール１に活性があったとすると末端のビルディングブロックはTであると決まります。次に活性を示した群と同じビルディングブロックを持った一段階前のライブラリーからスクリーニングを行い、活性を示す群を見つけます。これを繰り返すことで、最終的に最も活性を持つ化合物の配列を決定することができます。

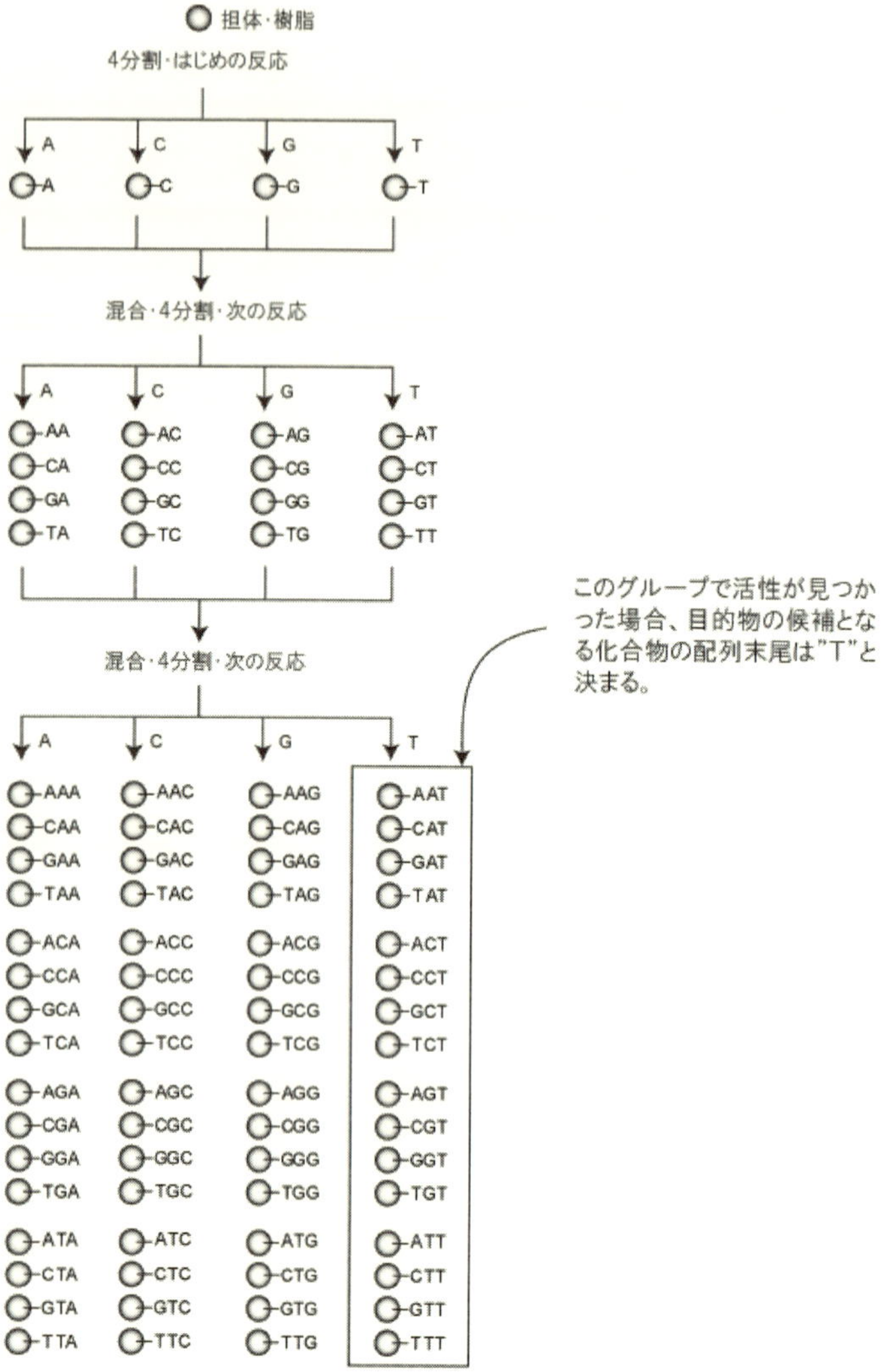

図 2. 13　デコンボリューションによる活性のある化合物群の特定

出発物質（scaffold）の反応部位が複数ある場合はその部位ごとにビルディングブロックを固定したライブラリーのプールをスクリーニングにかけ、活性の向上が認められるビルディングブロックを特定していきます（図２・13）。ある程度ライブラリーを絞ったところで合成履歴に基づき、先に述べたパラレル合成により個別の化合物を獲得することで正確な活性評価を行い、最も目的にかなった化合物を特定していきます。このような作業をデコンボリューション（組み合わせをほどく）といいます。

ハイスループットスクリーニングと試料の微小化

従来のスクリーニングは化合物一つずつを人の手で（あるいは目で）評価していました。しかし、多様性指向型合成とコンビナトリアルケミストリーの登場でより迅速に化合物のスクリーニングを行う必要性に迫られました。化合物ライブラリーで指標となる活性の種類は、酵素活性、結合活性、阻害活性など様々ですが、コンビナトリアルケミストリーによって得られる化合物はいずれにしても微量かつ多種ですから、これらを迅速かつ大量（ハイスループット）に評価処理するためには吸光、発光などの分光信号に置き換えるのが都合いいことになります。分子間の結合、反応を光の信号として検出し、その強度を数値化することで化合物ごとに目的の活性を評価します。通常の分光光度計のキュベット（試料を入れる石英ガラスの試験管）は一〜三ミリリットルの試料が必要でしたが、コンビナトリアルケミストリーの登場で一枚の大きさの決まったプレート上に九六から三八

四、最近では一五三六種類の試料を置けるウェルプレートと、このウェル上に収められた試料の〇・五マイクロリットルの試料量でも吸光度あるいは蛍光などの発光強度を測ることが可能になっています。

コンビナトリアルケミストリーのこれからの課題

固相合成法の発達に伴い化合物の合成自体が自動化されているから精製と評価も自動化する必要がありました。かくして合成から薬物動態の評価までのオートメーション化が達成されたわけです。しかし、これには始まった当初から賛否両論で、「大量にかつ網羅的に化合物を合成し、スクリーニングすればきっと優れた薬物が見つかるはずだ。」とする肯定的な意見と、「いくらたくさん作ってもその化合物ライブラリーの設計戦略が間違っていれば何もヒットしない。」という否定的な見解が交錯していました。私自身はコンビナトリアルケミストリーという考え方の有効性には注目していましたが、これが合理的な創薬に結びつくか否かでは疑問を持っていました。

今から一〇年以上前に製薬会社で研究に携わるかたとお話をしている中でコンビナトリアルケミストリーの話題に触れ、「釣りと釣堀」のたとえで意気投合したことがありました。当時の研究手法として流行していたコンビナトリアルケミストリーとハイスループットスクリーニングは「底引き網」に似ている。とにかくたくさん作って網を引けば何か引っかかるという考え方は基本的には正しくないのかもしれない。網にかかったものみなゴミということもあり得る（現在では漁業における底引き網漁法もそれが海洋環境と生態系に与える悪影響が問題視されている。）。いいもの、まして有効な薬物を吊り上げるためには「いい釣堀」つまり目的に合わせた適切な化合物のライブラリー設計が必要である。「作りやすいライブラリー」から有用な薬が釣れる保障はなく、「絞りこまれたライブラリー」が必要だというものです。

それから一〇年以上が経過していますが、膨大な化合物のライブラリーを作製可能なコンビナトリアルケミストリーの方法で多くのヒット薬が出ているわけではありません。むしろ「コンビナトリアル合成」という考え方がその後のサイエンスとテクノロジーに与えた影響のほうが大きいかもしれません。

第四節　天然物化学から発展したケミカルバイオロジー

自然界に存在する天然物に着目し、化合物の同定と生理活性を明らかにしていく天然物化学は古くから発達してきており、特に同定された天然物に対する合成化学は発達し、その一枝が今日ではケミカルバイオロジーへと発展しています。また、特定の天然物と結合する受容体タンパク質、それをコードする遺伝子を特定し、天然物のゲノムレベルでの作用機構を探索するゲノムサイエンスへと進んでいます。

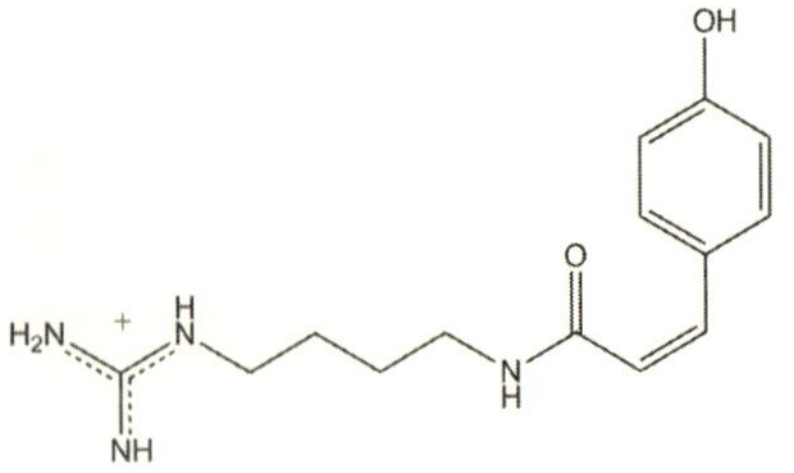

シス-*p*-クマロイルアグマタイン

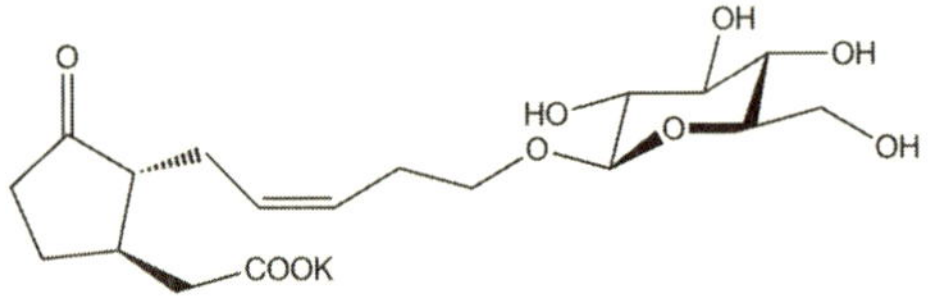

β-D-グルコピラノシル-12-ヒドロキシジャスモネン酸カリウム

図 2.14 植物の運動を制御する化学物質。シス-*p*-クマロイルアグマタインと β-D-グルコピラノシル-12-ヒドロキシジャスモネン酸カリウム

植物の運動に関わる化学物質

マメ科の植物の中には夜間に葉を閉じ、夜明けとともに光合成を行いやすいように再び葉を開くものがあります。ハーブエキスとして利用されるようにもなったアルビッツィア（ネムノキ）もこの一種で、茎の付け根付近の器官にあるモーターセル（運動細胞）が膨潤したり、縮んだりすることによって葉を開閉しています。このような運動はモーターセルにイオンチャンネルを介してカリムイオンが取り込まれ、これに続いて細胞内に水が流入することによって膨潤し葉が開きます。さらにこのカリウムイオンチャンネルを制御する有機化合物が見つかりました[16]。一九九七年に単離、同定されたシス-*p*-クマロイルアグマタインとβ-D-グルコピラノシル-12-ヒドロキシジャスモネン酸カリウム（図2・14）でそれぞれ葉の開、閉に関わっています。

モーターセル内にはこれら開閉因子と結合する受容体が存在し、その信号がカリウムイオンチャンネルを刺激することでイオンの透過と水の流入、細胞の膨潤が行われます。また「開」に関わる分子、シス-p-クマロイルアグマタインをローダミン（赤色）で、「閉」に関わる分子、β-D-グルコピラノシル-12-ヒドロキシジャスモネン酸カリウムをフルオレセイン（緑色）で標識し、モーターセル内の開と閉の受容体の分布を調べたところ、開と閉いずれの分子に対する受容体もモーターセル全域に存在しますが、外側に比べ内側に多く存在することがわかりました。すなわち、細胞の片側で水分の流入と放出による膨張と収縮が行われることで葉の開閉を達成しているのです。さらにエナンチオディファレンシャル法（光学異性体、鏡像体が存在する場合、そのいずれが生理活性を持っているかを判定する実験）によりモーターセル内には天然型β-D-グルコピラノシル-12-ヒドロキシジャスモネン酸カリウムとそのエナンチオマー（鏡像体）を特異的に識別して結合する受容体が存在することが示され、受容体の候補タンパク質（35KDa）がフォトアフィニティラベリング[17]によって発見されています。

DNAの塩基配列を認識する分子の発見と発展

天然物の中にはDNAの塩基配列を認識して結合する分子がいくつかあります。中でもネトロプシンとディスタマイシンはいずれもDNAのA-T塩基対を認識して結合します（図2・15）。ディスタマイシンの場合はN-メチルピロール三つがアミド結合で連なった三日月型の分子でDNA中のA-Tの塩基対が繰り返されているマイナーグループに単量体または二量体を形成することで結合することがわかりました。また、ピロールをイミダゾールに替えるとC-G塩基対に結合します。さらにワトソン-クリック型の塩基対について塩基対同士の水素結合には関わらない非共有電子対と新たな水素結合を形成させる設計でピロール(Py)とイミダゾール(Im)をアミド結合で組み合わせて配置することにより、A-TおよびC-Gの塩基対を認識することが可能な分子が設計でき、ピロール-イミダゾールの組み合わせでC-Gの塩基対を、ピロール-ピロールの組み合わせでA-TまたはT-Aの塩基対を、イミダゾール-ピロールの組み合わせでG-Cの塩基対をそれぞれ特異的に認識するという規則が見出されました[18]。

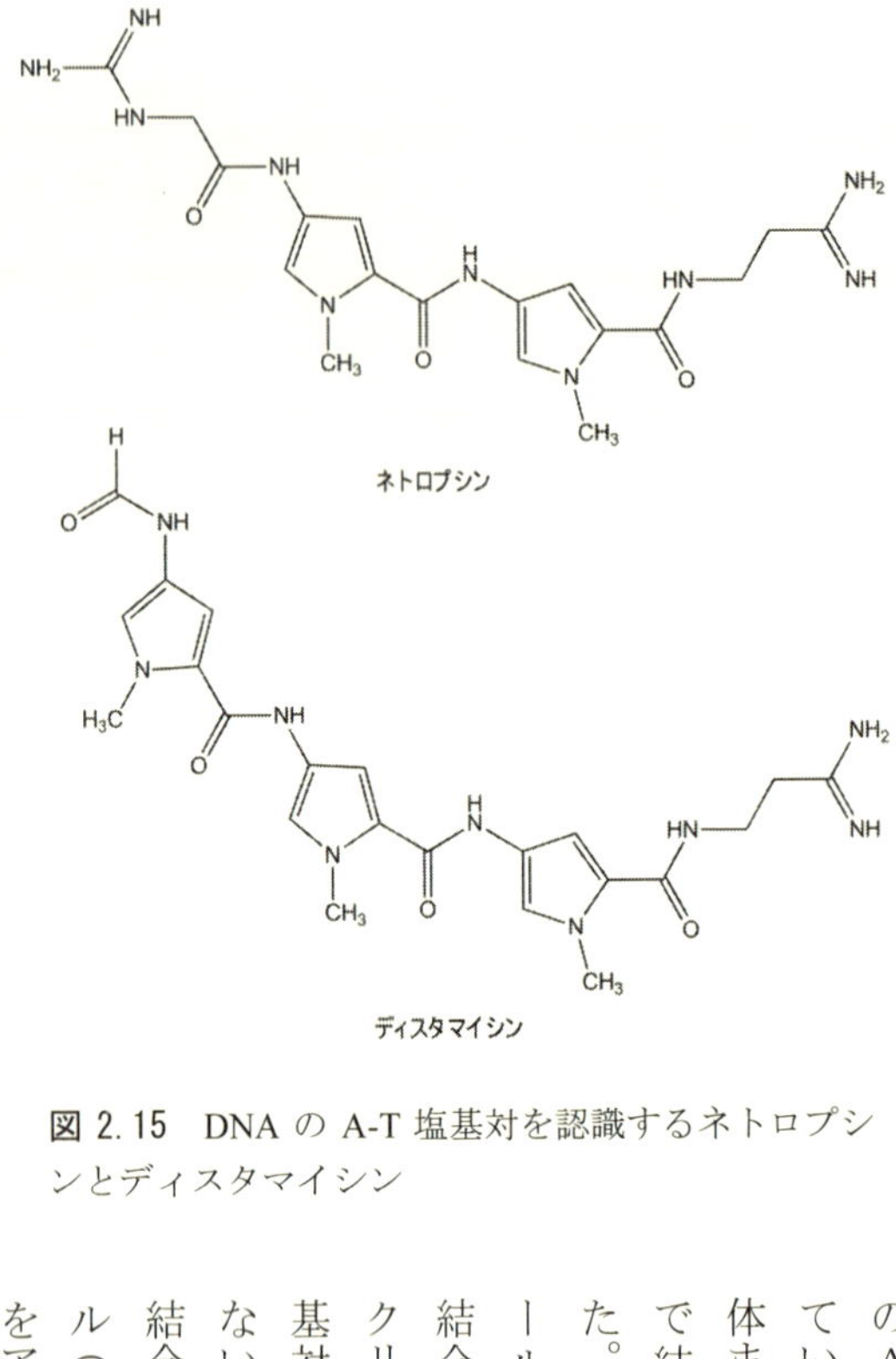

図 2.15　DNA の A-T 塩基対を認識するネトロプシンとディスタマイシン

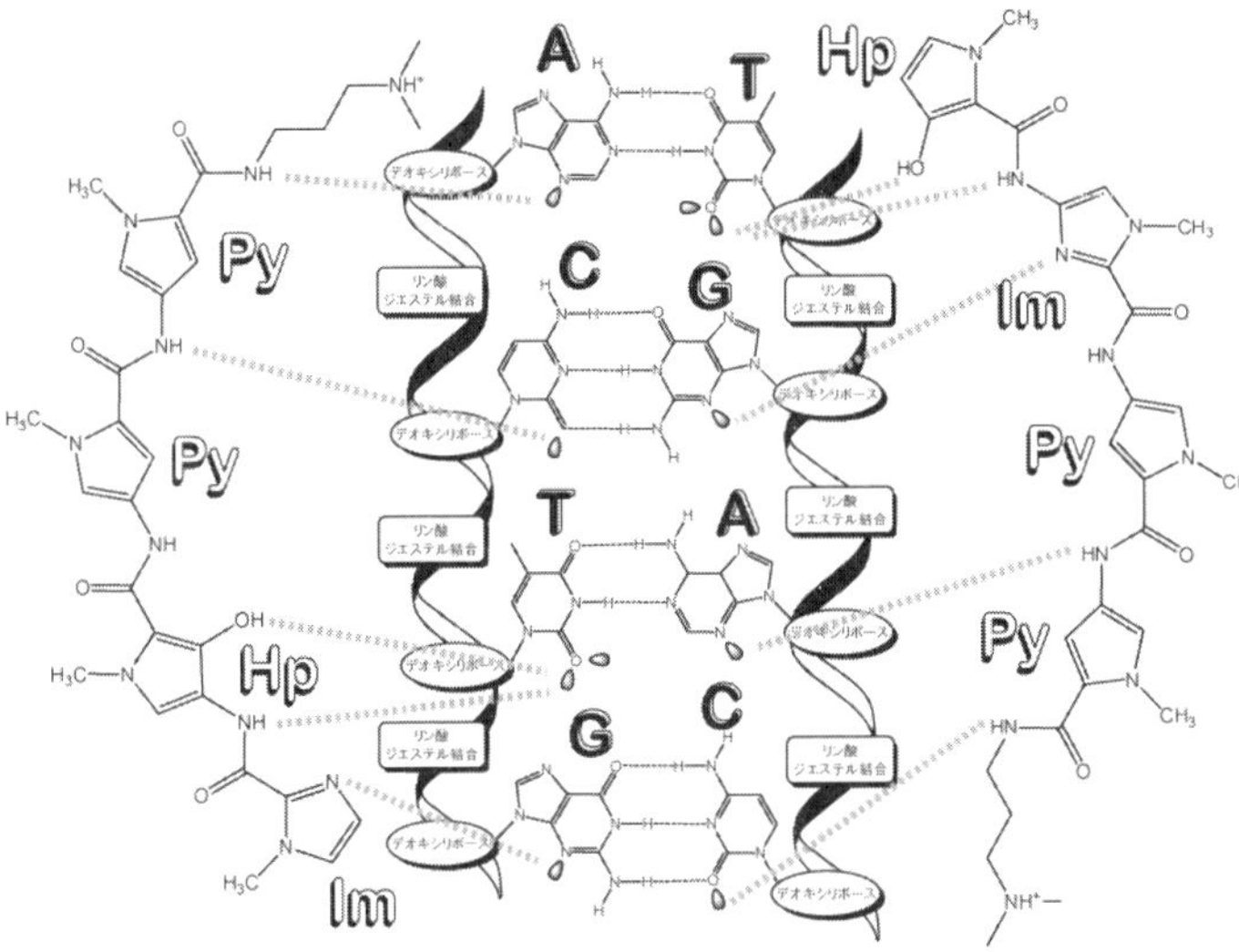

図 2.16　ポリピロールイミダゾールによる DNA 配列の認識

　さらにピロールをヒドロキシピロールに置き換えることでＡ-ＴとＴ-Ａの塩基対の識別も可能にしました（図2・16）。また、β-アラニンとイミダゾールの組み合わせによってもＣ-ＧとＧ-Ｃの識別が可能なことが見出されています。こうして上記三つのパーツ、ピロール、イミダゾール、β-アラニンを基本骨格アミド結合で組み合わせることでいかなる塩基配列のＤＮＡでも識別可能になりました。

　実際にこのピロール・イミダゾールポリアミド化合物をＤＮＡ認識部位として利用して特定遺伝子の発現制御を可能にした例があります。乳がんの患者を調べるとその約三〇％がHer2タンパク質を過剰に発現していて、このタンパク質の発現は転写活性因子、ＥＳＸタンパク質が転写プロモー

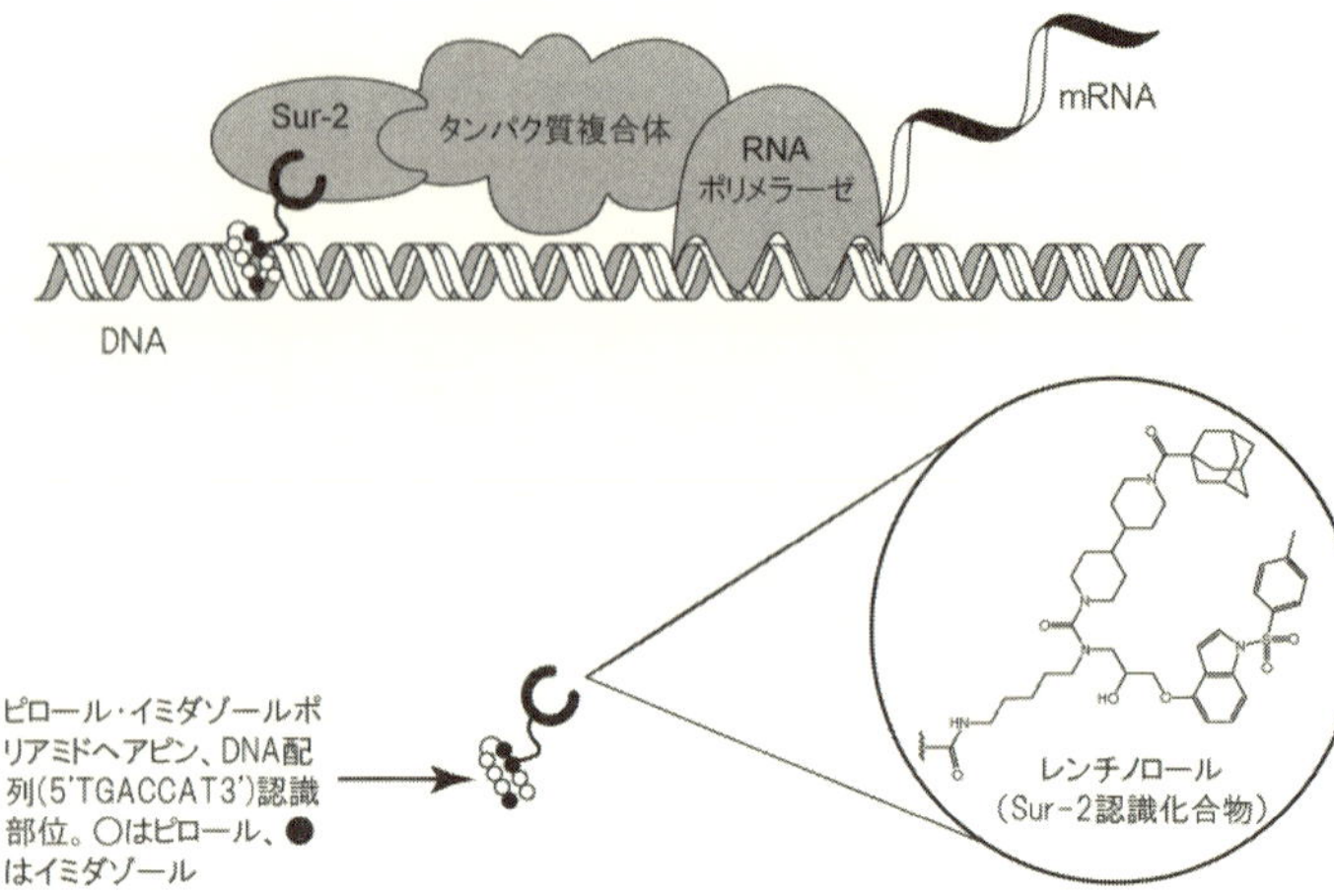

図 2.17 ポリピロールイミダゾール-レンチノロールによる遺伝子発現の制御

ターとなる 5'TGACCAT-3' に結合することがきっかけになって活性化されます。ＥＳＸは Sur-2 タンパク質に特異的に結合し、Sur-2 は活性化を伝達するタンパク質複合体を介してＲＮＡポリメラーゼⅡによる転写を促しています。ＥＳＸの Sur-2 結合部位は短い α-ヘリックスポリペプチドです。これを代用できる小分子化合物をコンビナトリアルライブラリー（第三節参照）から探索しアダマノロールが得られました。これに改良を加えることで活性、溶解性ともに向上した化合物が得られ、その分子の形からレンチノロールと名づけられました。このレンチノロールにピロール・イミダゾールポリアミド化合物をＤＮＡの特異的結合部位として持たせ、遺伝子配列に特異的な合成転写活性因子の獲得に成功しています[19]（図２・17）。

ピロール・イミダゾールポリアミド化合物によるiPS細胞作製の可能性

ゲノムDNAはヒストンという糸巻きのようなタンパク質に巻きついてクロマチンと呼ばれるDNA-タンパク質複合体を形成しています。ヒストンにはリジンなどのアミノ酸を側鎖に持つアミノ酸が含まれ、DNAのリン酸部分を正電相互作用によって引きつけクロマチンを形成しています。必要な遺伝子がRNAに転写されるときは、リジンのアミノ基がアセチル化され正電荷が解消されることによりDNA-タンパク質複合体がゆるみ、RNAへの転写が促されます。通常は不用意に遺伝子の発現が開始されないよう、脱アセチル化酵素がアセチル化されたリジンをもとに戻し、クロマチンを維持しています。

ピロール・イミダゾールポリアミド化合物に脱アセチル化阻害剤を持たせることで任意のDNA配列を標的として特定の遺伝子の発現を促すことができます。分化、成熟した細胞は様々な遺伝子の発現が抑制された状態にありますが、特定の遺伝子の発現の誘起により細胞機能のプログラムを初期化して幹細胞に戻すことが可能になります。こうして小分子化学物質であるピロール・イミダゾールポリアミド化合物でiPS細胞を作製する可能性が見出されています[20]。

抗生物質から出発するRNA認識分子の設計

抗生物質は細菌が合成し、他の細菌の増殖を阻害する化学物質です。天然には五〇〇〇種以上あるといわれていて、そのうち人類によって実用化されているのはまだ一〇〇種もありません。いろいろな抗生物質について様々な作用機構が知られていますが、中でもアミノグリコシド抗生物質は細菌のリボゾーマルRNAに直接作用してタンパク質合成を阻害することがわかっています。アミノグリコシド抗生物質にはネオマイシン、パロモマイシン、カナマイシン（図1・2参照）などがあります。また、アミノグリコシド抗生物質はリボソームによるタンパク質合成のみならず、HIV-1の転写活性因子となるRNAに結合し、このウイルスの増殖を抑制します。これらを踏まえアミノグリコシドをビルディングブロックとするRNA結合分子の設計と合成、その検証がなされてきました。

RNAは一本鎖であるがゆえにDNAのように規則正しい二重らせん構造のみならず、ループ、インターナルループ、バルジなど特異な二次構造とそれらが織りなす三次構造に加え、キッシングなどの四次構造体も相まって、より複雑な構造を取りうるためこれを認識する小分子の系統的な方法論はまだ確立されていません。しかし、天然には特定のRNA構造と特異的に結合する多くの小分子が知られています。中でもアミノグリコシド抗生物質はその抗生物質としての作用機構とも合わせて詳細な研究がなされてきました。ネオマイシンをはじめとするアミノグリコシドがバクテリアの増殖を抑制することはよく知られており、これらアミノグリコシドがリボゾーマルRNAに結合することで遺伝情報の翻訳を阻害していることが九〇年代に示されています。これらアミノグリコシドの結合部位が特定されmRNAのコドンを解読する部分でアミノアシルトランスファーRNAが収まるA-サイトと呼ばれる非対称な内部ループ構造を含む部位にネオマイシン、パロモマイシンなどのアミノグリコシドが結合することが突き止められました。

構造解析の結果、パロモマイシン構造中の特に6’アミノグルコサミン骨格とデオキシストレプタミン骨格がA-サイト結合に重要な役割を果たしていることがわかりました。これを受けて様々なアミノグリコシド誘導体が合成されＲＮＡとの結合特性が調べられています。アクリジンで修飾したネオマイシンはヒト免疫不全ウイルス（ＨＩＶ）のＲＲＥ ＲＮＡと結合することでＨＩＶの増殖を促進する Rev タンパク質と同等（三ナノモラー）の結合力を持っていました[21]。

アミノグリコシドの構造を注意深く眺めると、ネオマイシン、パロモマイシン、カナマイシンいずれにもネアミンの構造が含まれこれが共通構造であることがわかります。より簡単な構造単位から出発し従来のアミノグリコシドにはない性質を付与することでアミノグリコシドの抗生物質としての毒性を弱め、特定のＲＮＡに対する結合分子を構築することができるかもしれません。ネアミンもアミノグリコシド誘導体を合成する際のビルディングブロックとして採用されてきました。多くのＲＮＡ構造体が二重らせんでないループ、バルジなど核酸塩基が露出した部分を含みますからネアミンを核酸塩基で修飾することでＲＮＡに対する認識を高められることが期待されます。

核酸塩基とネアミンを繋ぐリンカーとして塩基性のアミノ酸であるリジンとアルギニンを採用し、一二種類の核酸塩基修飾ネアミンの TAR RNA-Tat 複合体形成に対する阻害効果を調べたところリンカーがリジン、アルギニンいずれの場合もアミノ酸のα位に核酸塩基を導入した場合はＴＡＲに対する結合力はアミノ酸の個性に依存し、リジンのε位に導入した場合のみ核酸塩基の個性を反

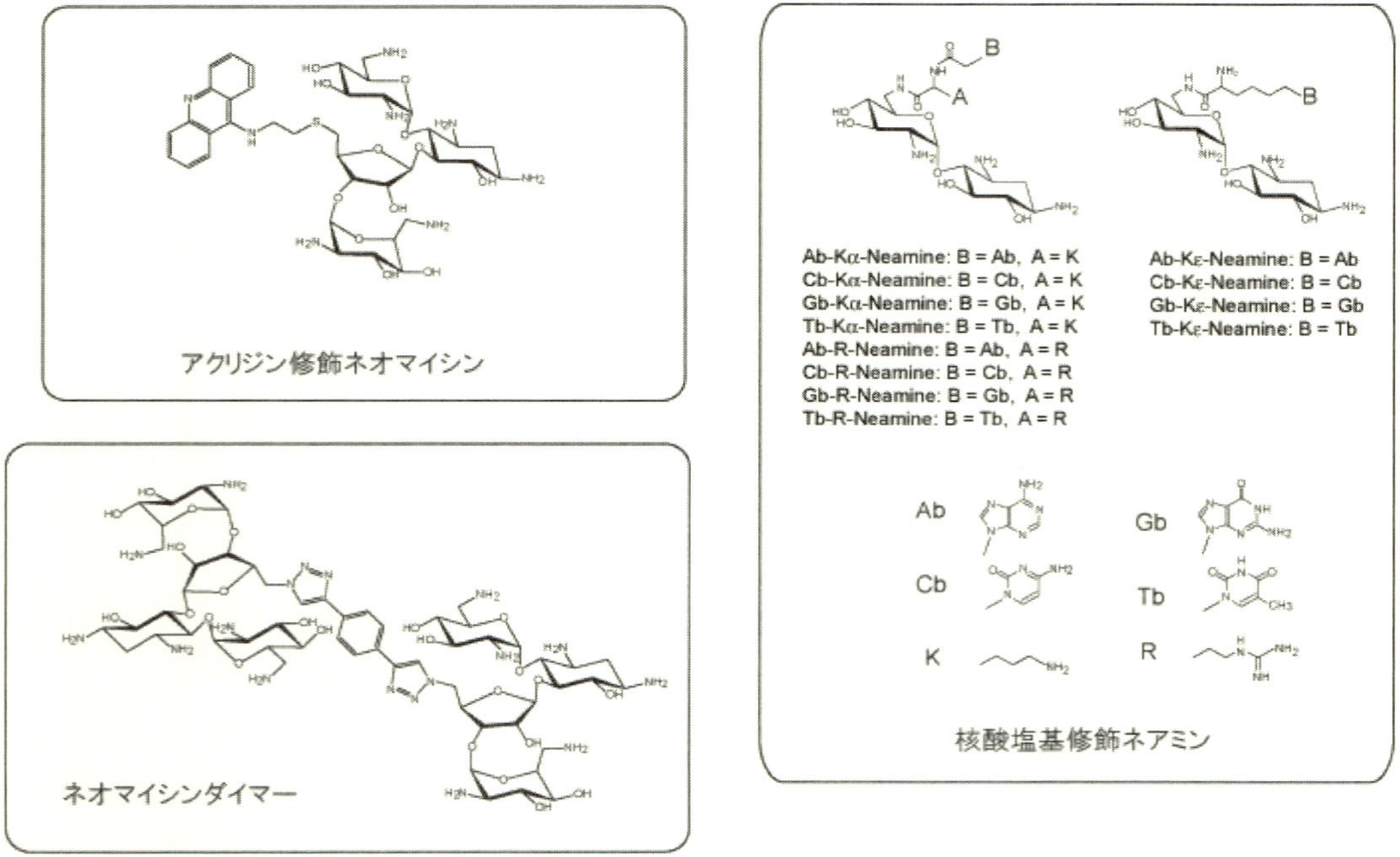

図 2.18　RNA を認識するアクリジン修飾ネオマイシン、ネオマイシンダイマー、核酸塩基修飾ネアミン

映した結合力の相違が認められました。すなわち、ネアミンと核酸塩基との距離が幾分離れているほうが核酸塩基の特徴を反映した分子構築ができています[22]（図２・18）。

ネオマイシンＢの二量体についてそのリンカーの長さとＨＩＶ　ＴＡＲ　ＲＮＡに対する結合の検証がなされています。ネオマイシン二量体はＴＡＲ　ＲＡＮの融解温度（ＲＮＡの構造がほどける温度、T_m）を最大一〇・二度上昇させます。ネオマイシン単体には見られなかった現象です。またこの融点上昇は、ネオマイシン二量体を繋ぐリンカーが短いほど高く、より強固にＴＡＲ　ＲＮＡに結合していることが示されています。ネオマイシン二量体はTatペプチドと競合的にＴＡＲ　ＲＮＡのステム部分に結合し、その結合力はネオマイシン単体の一〇倍以上に向上しました[23]。

第三章　分析化学のケミカルバイオロジーとバイオイメージング

生命に対する興味はまず生命体を観察するところから始まっています。初期には顕微鏡を用いて生命体、細胞などを観察するところから始まり、より狭い範囲をより鮮明に拡大することでその動態を理解しようとしてきました。ここでは、生命反応を追跡する分析化学とそれを支える物理化学、そして生命の動態を直接観察するバイオイメージングについて述べておくことにします。

第一節　生体分子の観測、計測の歴史

生体分子観測は先に述べたようにまず生命体そのものの観測から始まったのですが、やがてより詳細に生命を理解するためには生命を構成する分子である遺伝子やタンパク質を単離して調べる必要が生じてきました。そうして発達してきたのが分離分析化学です。混合物を分離する方法としては①蒸留、②溶媒抽出、③沈降と遠心分離、④再結晶（結晶化）、⑤クロマトグラフィーと電気泳動が挙げられますが、①蒸留は遺伝子、タンパク質などの分離には適さないため他の四つの方法が主として採用されてきました。

多くの生体分子は水溶液（水）に可溶です。しかし、その形態（構造）が変化すると凝集、会合するなどして水には溶けにくくなることもあります。では、ここで仮にある原核細胞からＤＮＡを取り出すことを考えてみましょう。細胞を構成するのは細胞膜と細胞質ですが、細胞膜には脂質、タンパク質、糖質が含まれ、細胞質には細胞の生命活動を維持するのに必要な細胞膜とは別のタン

パク質、タンパク質の構造と機能を維持する金属のイオン、糖質、そして核酸（ＤＮＡ、ＲＮＡ）が主成分として含まれています。目的のＤＮＡは細胞の外側から見ると一番奥、中心付近にありますから、まず細胞膜を補強している膜表面のタンパク質を破壊するためにリゾチームなどのタンパク質分解酵素を用い、細胞壁を壊して細胞膜を取り除きます。細胞膜は先に登場したリポソームと同様に油膜であるので界面活性剤が存在すると水相に分散してきます。さて、細胞を覆っていた膜を取り除いたところで、クロロホルムなど水より重く水とは混ざらない有機溶媒を加えると膜を構成していた脂質は有機層へ、変性してもとの構造をとどめないタンパク質は水相と有機層の界面に溜まります。ＤＮＡは塩化ナトリウムなどの電解質とともに水溶液中に溶解しているはずです。ＤＮＡの水溶液を獲得したらこれと同じかそれ以上の容量のアルコール（エタノールまたはイソプロパノール）を加えるとＤＮＡの溶解度が落ちてきますからこれを遠心分離により沈殿として集めることができます。方法を少し変えるとＤＮＡではなく細胞内のタンパク質だけ集めることも可能です。

　このように分子の持つ化学的な性質の相違を利用すると同質の成分だけを集めることは比較的簡単なのです。問題はこれから先で、集めたＤＮＡをいかにして解読するか、タンパク質の混合物からいかにしてお目当てのタンパク質だけを集めるかなど、これらの分離精製方法はその方法論の源泉である物理化学的な論理がもとになり生体分子解析法を発達させてきました。遺伝子解析についてては後続の「ヒトゲノムプロジェクト」で述べるとして、以下にはタンパク質の分析化学について述べましょう。

エンザイモロジー

単離された酵素の化学的な性質を調べること、またその方法を開発することをエンザイモロジーといいます。酵素と基質（出発物質）の化学量論、反応速度、阻害剤の効果などを定量的に調べます。酵素の基質や阻害剤との特異性と双方の構造相関の解析などが含まれます。

反応速度を決定する場合は基質の減衰または生成物の増加を定量することになります。古くには基質、生成物のいずれかを中和滴定などの方法で定量することも行われてきましたが、近年では基質を標識して分光学的な信号、特定波長の光の吸収または発光に置き換えて反応を追跡するのが一般的になりました。たとえば、パラニトロフェノールはこれがカルボン酸などとエステルを形成しているときは無色ですが、加水分解を受けてパラニトロフェノレートの負のイオンとして水溶液中に存在すると四〇〇ナノメートル付近の光を吸収し黄色に見えます（図3・1）。この波長の吸光度を測定することで反応の経時変化を定量化でき都合がよいので多くの加水分解酵素の性能を調べる目的で採用されてきました。大学の実験科目（三年生くらいまでの実験）で使用している分光高度計（あるいは比色計）は三ミリリットルの試料を要するのですが最新の分光光度計では一マイクロリットル以下でもスペクトルを計測し反応を定量することが可能になってきました。吸光度で決定できる生成物の濃度はミリモラーからマイクロモラー程度の濃度までですが、蛍光を用いるとさらに低濃度、ナノモラーあるいはサブナノモラーで微量試料を定量することができます。

反応速度、化学量論（タンパク質一つに基質がいくつ結合できるかといった量的な関係）を解析するに当たってはまず反応機構のモデルを立てる必要があります。科学の基本姿勢はまず最も簡単

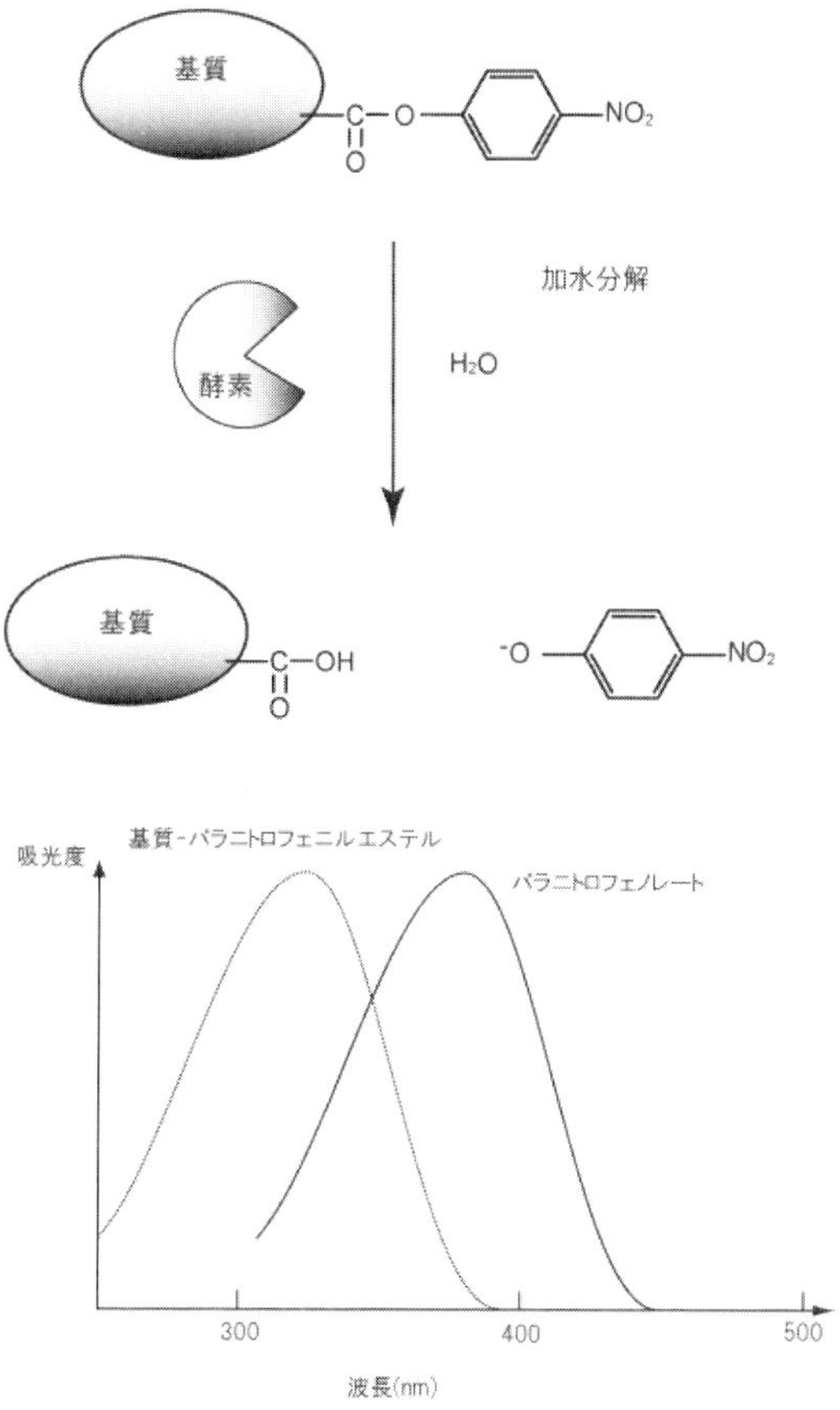

図 3.1　パラニトロフェノレートによる酵素反応の可視化

なモデル（理想系、完全系などと呼ばれることが多い）から始めて、このモデルに従ってシミュレートされる反応の理論曲線と実測値がよく合っている場合はそのモデルが正しいということになります。理論曲線と実際の実測値が合わない場合は当初のモデルが正しくなく、そのモデルを補正するか、別のモデルで解析を試みることになります。酵素反応の場合、多くは基質と酵素の化学量論が一対一ですからこのモデルは立てやすくミカエリス・メンテンの機構として知られています。これは最も基本的な酵素反応機構で、生成物から出発物質への逆反応、阻害剤、水素イオン濃度（pH）依存性などを考慮していませんが、いずれの要素が存在しても、酵素が関わる反応の平衡式と反応速度が基質量または生成物量の時間微分で表されることを用いて、反応の速度をミカエリス・メンテンの式を補正する形で表すことが可能です。

エンザイモロジーはタンパク質である酵素とタンパク質、核酸などの生命分子あるいは小分子化合物までを基質とする反応、また酵素阻害剤との関係性を定量的に解析し生命の駆動力の一つを担う酵素反応を理解する方法論としてケミカルバイオロジーが登場する以前から発達してきました。エンザイモロジーとして培われてきた実験技術と方法論は後述のゲノム解析とも結びつき、遺伝子、タンパク質そして小分子との関係性を明らかにしようとするケミカルバイオロジーへと発達していくことになりました。

ヒトゲノムプロジェクト、ＤＮＡの塩基配列を決定する化学と技術

ヒトゲノムの解読が当初の予想より早く終了したのは、とりもなおさず蛍光解析や電気泳動などの分析化学を軸にしたＤＮＡ塩基配列を解読する技術とその自動化が急激に発達したことに依存しています。ワトソンとクリックによってＤＮＡが二重らせん構造をとっていることが明らかにされたのが一九五三年、それから約三〇年後の一九八〇年代には特定のＤＮＡ配列を増幅するポリメラーゼ連鎖反応（polymerase chain reaction, PCR）が考案され[24]、この技術とともに急激に遺伝子解析が発達していくことになります。

ＰＣＲの反応の過程で四つの塩基それぞれについてランダムに伸長反応が停止すれば様々な長さのＤＮＡ断片ができることになり、これを電気泳動で分離解析すれば試料のＤＮＡ配列を決定していくことができます。それぞれの断片を放射性同位体で標識し各塩基の断片（アデニンのレーン、シトシンのレーン、グアニンのレーン、チミンのレーン）ごとに電気泳動します。ポリアクリルアミドを担体とするゲル中で分離された放射性ＤＮＡ断片の泳動結果を放射線に感光するフィルムに写し取ります。このフィルムの結果を各塩基のレーンごとにたどるとATGCAATTCCGGという具合に配列が読み取れます。一九九〇年代半ばまではこの方法が主流でした。やがて放射性同位体に依存する不便と危険、廃棄にかかるコスト、放射線のフィルムへの転写に消費する時間を回避するため放射性同位体元素による標識に替わって蛍光色素が用いられるようになります。

このころまでには放射線で感光したフィルムの像をＣＣＤカメラで映像情報として取り込みＤＮ

A配列を自動解析する装置も開発されていました。初めは放射線を蛍光色素の単色発光に置き換えただけでしたが、それぞれの塩基を色の異なる色素の蛍光に割り当てすべての塩基で伸長反応が停止しているDNA断片を混合物のまま一レーン、実際には一本のキャピラリー（極めて細いガラスのチューブ）の中を電気泳動するキャピラリー電気泳動により分離し、対応する蛍光の色から塩基配列を解読します。レーザーによる二つの波長（四八八、五一四ナノメートル）で励起される二つの色素から共鳴エネルギー移動でさらに二つずつ、合わせて四つの蛍光色素から四色の蛍光発光を四種の核酸塩基に割り当てて塩基配列を解読することが可能になりました（図3・2）。

DNAを解析するもう一つの技術が電気泳動です。電気泳動中の試料の拡散を抑えるためにより薄くかつ均一なポリアクリルアミドのプレートを作製する必要がありました。放射性同位体で標識していたマニュアルシークエンシングの時代はこのポリアクリルアミドプレートの作製を含めて実験をする者の職人的技術にも依存していました。その後微量の試料をより高い分離能で解読する需要に迫られ、プレートからポリアクリルアミドを充てんしたキャピラリーに取って代わられました。またさらに、すでに高速液体クロマトグラフィー（HPLC）で発達していたオートサンプリングの技術と結びつきDNA配列の決定が完全に自動化されました。そして三〇億塩基対を超える人のゲノムDNAの完全解読を目指したヒトゲノムプロジェクトが本格化し国際プロジェクトとして進められていました。

ところがヒトゲノムプロジェクトは一民間企業の参入によって急激に加速されます。いわゆるベ

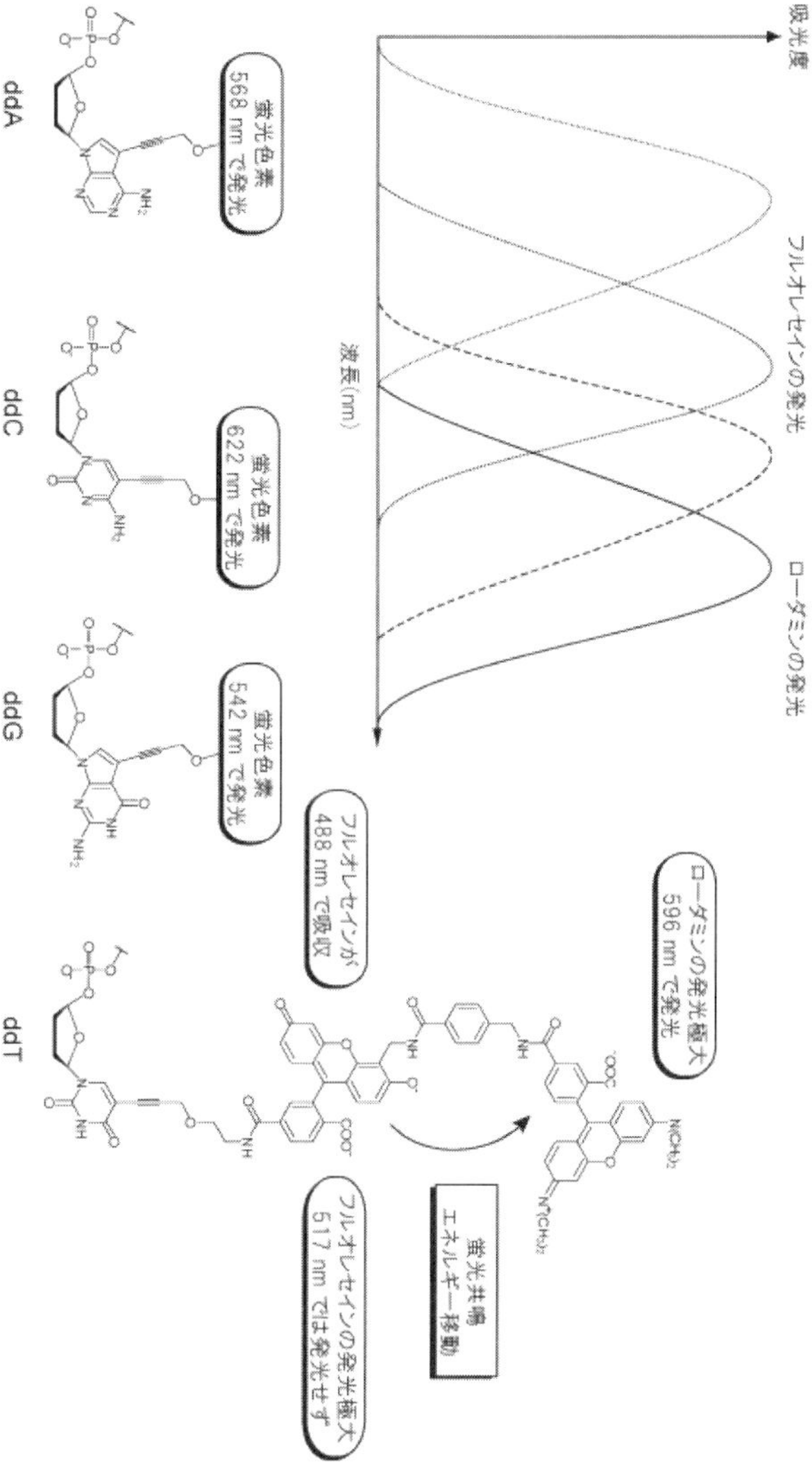

図3.2　4つのダイ（色素）ターミネーター（伸長を停止する塩基）による遺伝子配列の決定。蛍光共鳴エネルギー移動による4色の発光を4つの塩基に割り当てた。

ンチャー企業であったセレラ・ジェノミクスはショットガン法という新たな方法とその解読情報を解析するスーパーコンピューターを駆使して、二〇〇〇年四月にはゲノム解読のドラフト（概略）を完成してしまいます。セレラ・ジェノミクスは解読した遺伝情報を非公開とし商業利用しようとしていましたが、国際ヒトゲノムプロジェクトは「公開」を前提としていたため、セレラ・ジェノミクスとアメリカ合衆国政府との調整会議がもたれ同年の六月、当時のアメリカ合衆国大統領ビル・クリントンと英国首相トニー・ブレアによってヒトゲノム解読の完了宣言がなされたのです。DNAの二重らせん構造の発見からちょうど五〇年目にあたる二〇〇三年には完全解読を達成し公開されています。生命現象をより正確に理解しようとするバイオロジー、蛍光色素による生命分子標識のケミストリー、ゲノムを生命情報として扱うコンピューターサイエンスが結びつきヒトゲノムプロジェクトに貢献しました。

ゲノム配列の解読完了宣言から一〇年が経過すると、配列決定はさらに高速化、低価格化されました。DNA配列が伸長する際の最初の反応はリボースの3'水酸基が5'モノヌクレオシドの5'リン酸に求核置換反応がなされ、3'水酸基からは水素イオンが脱離します。適切な塩基を持ったヌクレオシド3リン酸が存在するときだけ縮合反応が進み、この水素イオンの濃度変化を検知することで塩基配列の決定がなされます。この仕組みはイオン・プロトンシークエンサーとして実用化され、ヒトゲノム配列の決定にかかるコストが約一〇〇〇ドル（二〇一三年の為替レートで～一〇万円くらい。ちなみにヒトゲノムプロジェクトが完了した二〇〇三年では一〇億円くらいかかっていまし

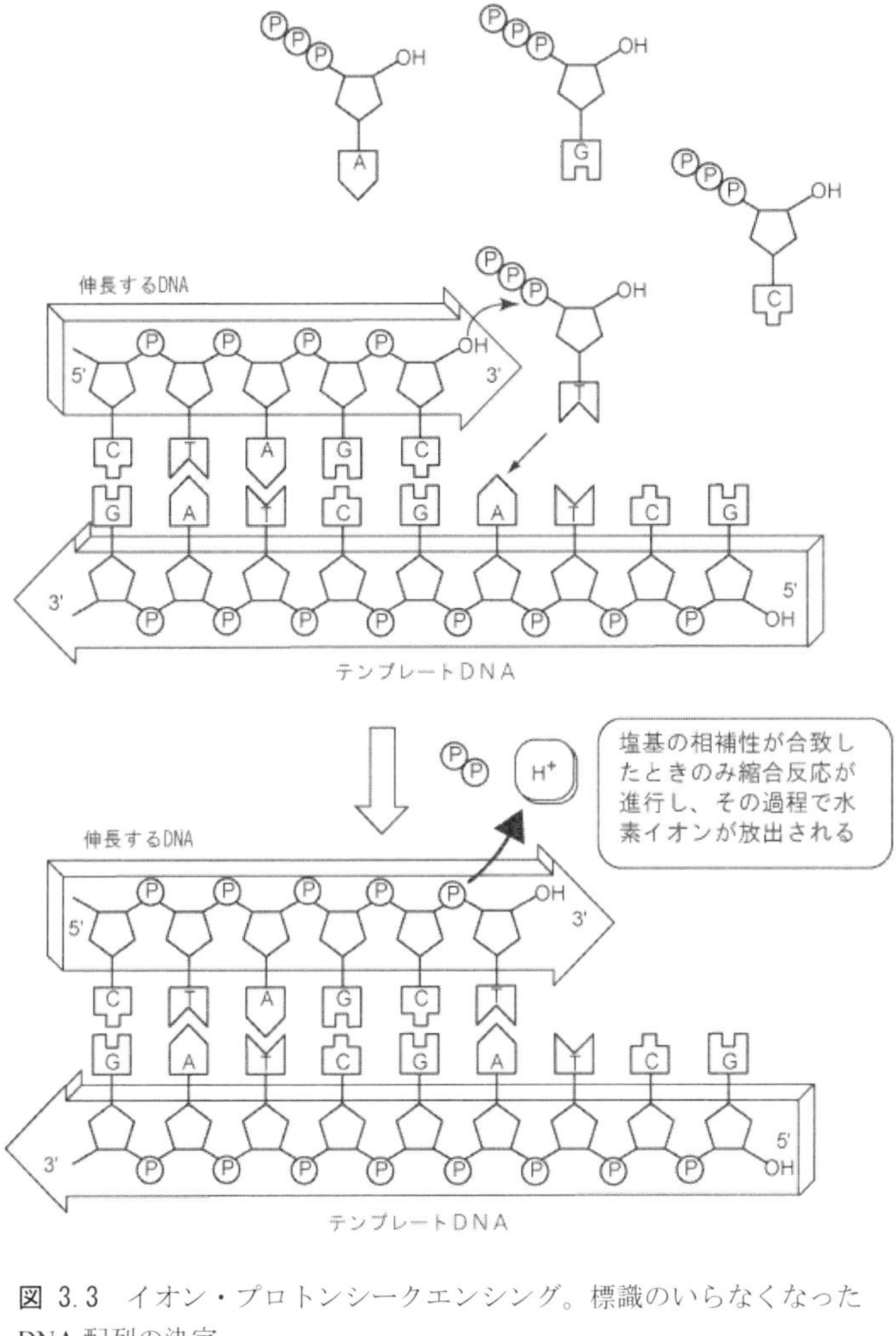

図 3.3　イオン・プロトンシークエンシング。標識のいらなくなった DNA 配列の決定

た。）で一日以内で解読可能になりました（図3・3）。今後は健康診断、疾患の予測と予防などヒトゲノム情報の実用化に向けた開発が行われていくでしょう。

プロテオーム、プロテオミクス

ゲノムに対してゲノミクス、プロテオームに対してプロテオミクス、この～オームというのは「すべての、全体の」という意味で、～オミクスというのはそれを扱う学問という意味です。ほかにも一時転写産物（mRNA）を扱うトランスクリプトミクス、代謝産物を扱うメタボロミクスなどがあります。様々な大きさ、多様な構造を持つタンパク質をいかにして分離、分析してきたのか？　そこには多くの化学が存在します。現在までにタンパク質の電気泳動による分離、マススペクトロメトリーによる同定とアミノ酸配列の決定方法までは確立されており、これからはそのタンパク質の意味、すなわち構造と機能、他の分子との関わり（ケミカルゲノミクス、後述）が課題となっています。

分子が電荷を持つ、あるいはイオンとなるときこれらを電気泳動によって分離することができます。ポリアクリルアミドやアガロースのようなポリマーを担体（固定相）として電気泳動を行うと小さなものほどこのポリマー担体の網をくぐりやすく、大きなものよりも先に移動していくことになります。すなわち、分子の大きさに依存した分離が可能です。

タンパク質はアミノ酸を単量体とするポリアミノ酸（ポリマー）でありこれをポリペプチドと呼

んでいます。ポリペプチドであるタンパク質は当然これを構成するアミノ酸の重合度（連結しているアミノ酸の数）に依存して分子が大きくなりますが、構成されるアミノ酸の側鎖に依存した電荷または相互作用を持つことになります。この性質がタンパク質の個性を決定する要素の一つになるのですが「分子の大きさに依存した分離」にとっては障害です。なぜならば、タンパク質一分子の持つ電荷はそれを構成するアミノ酸の組み合わせに依存し、必ずしも重合度に依存した電荷の大きさを持たないからです。グルタメートの側鎖はカルボキシレートで負電荷になり、リジンの側鎖はアミンですから正電荷になります。アラニンの側鎖はメチル基ですから電荷を持ちません（図３・4）。これらのアミノ酸の複数の組み合わせで構成されるタンパク質一分子の電荷は一筋縄ではありません。

これを解決するためには、タンパク質の電荷を大きさ（質量）に依存した泳動を行えるよう工夫する必要があります。負の電荷を持った界面活性剤であるドデシルスルホン酸ナトリウム（ＳＤＳ）を用いるとこれがタンパク質を取り巻いてミセル様の複合体（図２・５参照）を形成しタンパク質の大きさに依存した負の電荷を持つことになります。こうしてタンパク質の側鎖の与える絶対的な電荷には関わらず、その大きさ（質量）に依存した電気泳動が可能になりました。分けられたタンパク質をレーザー励起でイオン化し、イオン検出器までの飛行時間の相違でその分子の質量を決定します。イオン化の際に試料が分裂して生ずるフラグメントイオンの質量を割出し、それらの差を解析することでタンパク質のアミノ酸配列も決定できるようにもなりました。この一連の方法では

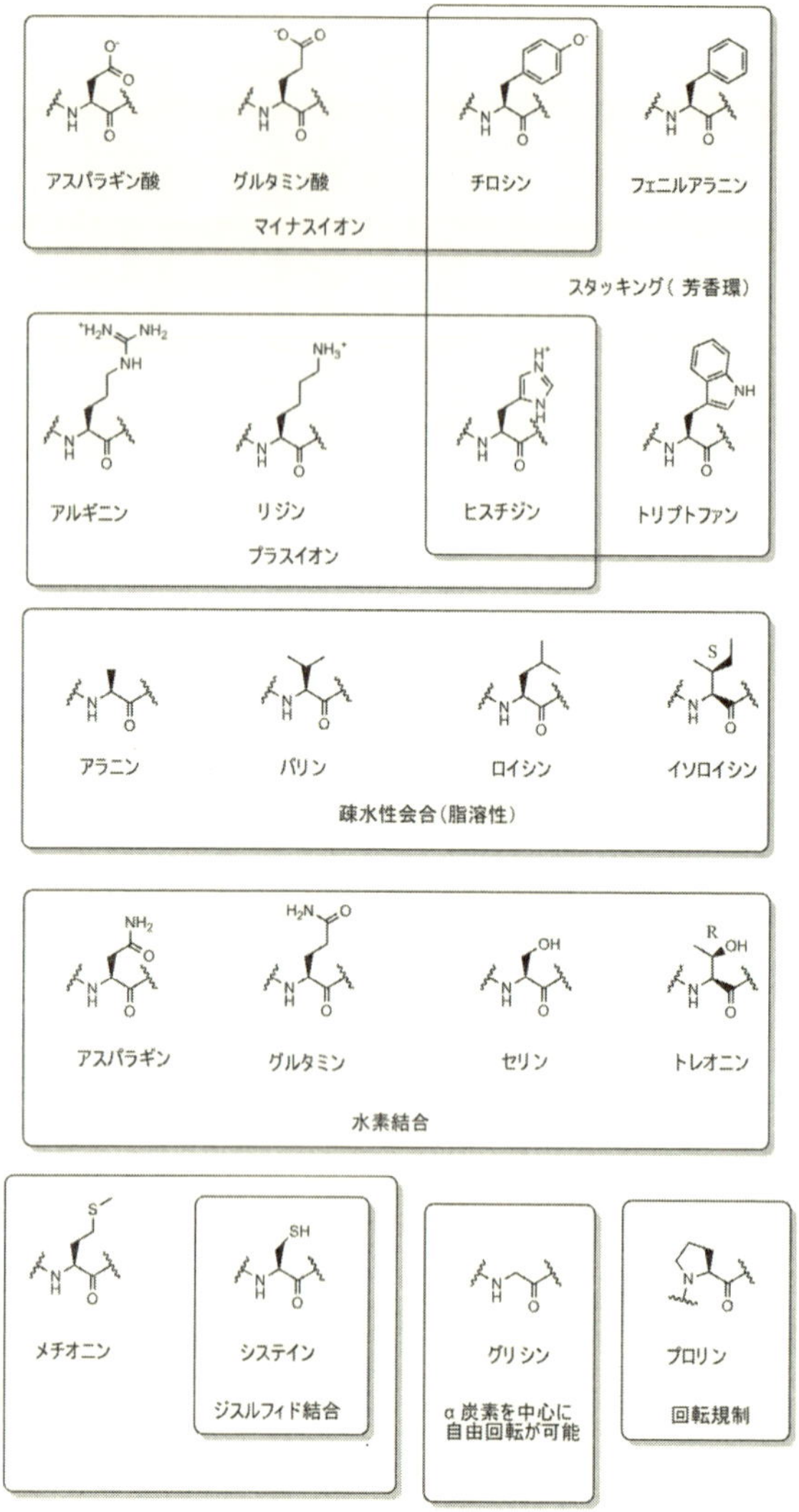

図 3.4　タンパク質を構成するアミノ酸側鎖とそれらがなす相互作用

解析後のタンパク質の三次元構造はもちろん維持されていないためその機能を知ることはできません。三次元構造はＸ線を用いた結晶構造の解析や、核磁気共鳴（ＮＭＲ）を用いる構造解析法にゆだねることになります。

一つのアミノ酸に三つのＤＮＡコドンが割り当てられていますから、タンパク質の質量とアミノ酸配列が決まるとこれに対応する遺伝子配列も絞られます。そのタンパク質の由来する細胞からこれに対応する遺伝子を取り出し、大腸菌のような簡単な細胞中で発現させることで目的のタンパク質を大量に獲得することができます。ヒスチジンタグなどのアフィニティークロマトグラフィーを工夫することで目的タンパク質の単離も可能です。タンパク質を単離獲得したところでこのタンパク質の機能を調べることは近年ますます盛んになってきました。しかし、膜タンパク質のように細胞膜中でしかその構造を維持できないものもあり、構造を維持したままの単離と解析は簡単ではありません。水溶液中では単体で存在できるタンパク質も実際の働きは複数のタンパク質からなる複合体として機能していることも多々あります。現在ではＸ線による結晶構造の解析と核磁気共鳴の発達、タンパク質の分離精製と結晶化の技術が進歩し、膜タンパク質の一種で細胞内外のイオン輸送に関わるナトリウム・カリウムイオンチャンネルの構造まで解き明かされました[25]。

第二節　バイオイメージングとケミカルバイオロジー

バイオイメージングの歴史

多くの読者の皆さんは小学校あるいは中学校の理科の時間には屋外に自然観察に出かけ採取した試料、河川の水、田んぼの水などを虫眼鏡で、あるいは光学顕微鏡でさらに拡大して観察するという経験を持っているでしょう。虫眼鏡や光学顕微鏡で観られる範囲は限定的です。読者の皆さんの中にはさらに小さな生命の真実を観たいと思われた方もいるでしょう。実はそういったごく自然な感情がバイオイメージングを発達させてきています。しかし、自然光をレンズで拡大して試料を観るには限界があります。これは私たちヒトが感知できる光の波長（可視光）がせいぜい四〇〇から七〇〇ナノメートル程度までの狭い範囲だからです。タンパク質など可視光の波長よりさらに小さいものを見ようとするならより小さい波長で観測する必要があります。

一九三〇年代に入ると電子顕微鏡が登場しました。光（光子）に変わって電子の波を利用するものです。電子の波長は〇・〇〇三七ナノメートル（三・七ピコメートル）で可視光よりはるかに小さい波ですから、従来の可視光を利用する光学顕微鏡よりもさらに小さいものを観ることが可能になります。その後、第二次大戦をはさんだため顕微鏡の発達は遅れましたが一九八〇年代までに固体（あるいは凍らせた）試料を対象に透過型電子顕微鏡、走査型電子顕微鏡、走査型トンネル電子顕微鏡、原子間力顕微鏡へと発達しナノメートルサイズの解像度で観測を可能にしてきました。これら走査型のものは試料の表面をなぞるようにその凹凸の様子を観測するものです。氷結した組織の「形」を～一〇ナノメートル程度の解像度で画像に変換して可視化することができます。その後、氷結した試料でなく、生きた流動性のある試料、生体分子あるいは組織の観察では観たいものだけを染めて観る蛍光顕微鏡によるバイオイメージングが発達しました。今日では注目する試料を蛍光標識することで静止した（氷結した）生体組織の画像のみならず、生きた細胞の中で躍動する分子間の反応をモニターすることまで可能になってきています。

観たいところだけを染めて観る、蛍光顕微鏡と動的分子イメージング

細胞内に存在する金属イオンの検出プローブは古くから開発され、また広く市販されています。細胞内では様々な金属イオンが生命の維持に関わっています。いかなる金属イオンが細胞内のどこでどれほど働いているか知ることは細胞の機能を理解する上では興味深いことでした。とくに関心を持たれたのはカルシウム、マグネシウム、亜鉛です。中でもカルシウムイオンは神経伝達系で重要な役割を担っていると考えられていたので特に注目されました。蛍光性タンパク質の開発で後にノーベル化学賞を受賞することになるロジャー・チェンは特定の金属イオンの存在を細胞内で検出する蛍光プローブを開発していました。これらは蛍光色素と金属を捕まえる配位子を組み合わせたもので、金属イオンと配位子が複合体（キレート）を形成すると特定波長の蛍光強度が増大するよ

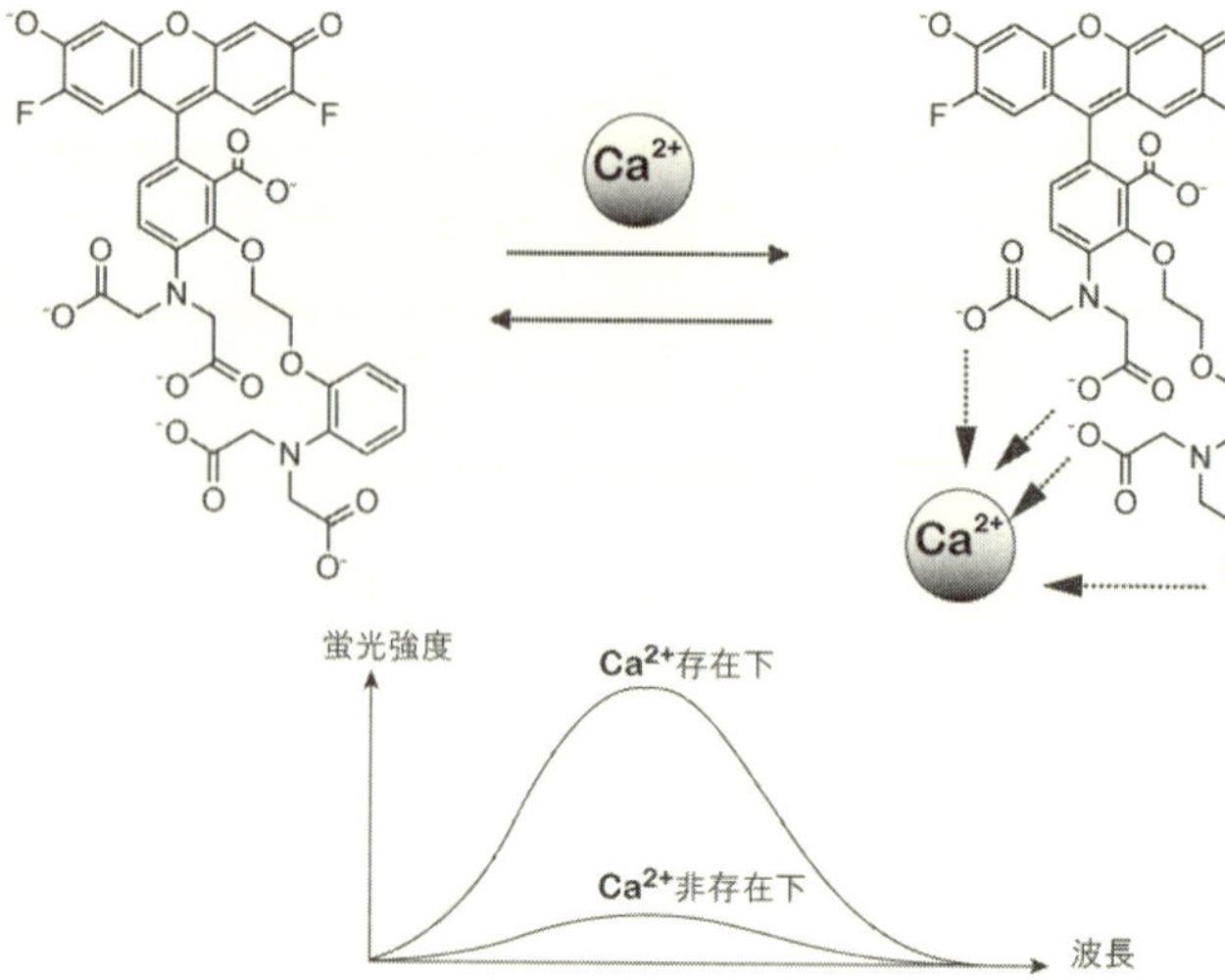

図 3.5　蛍光キレートによるカルシウムイオンの検出

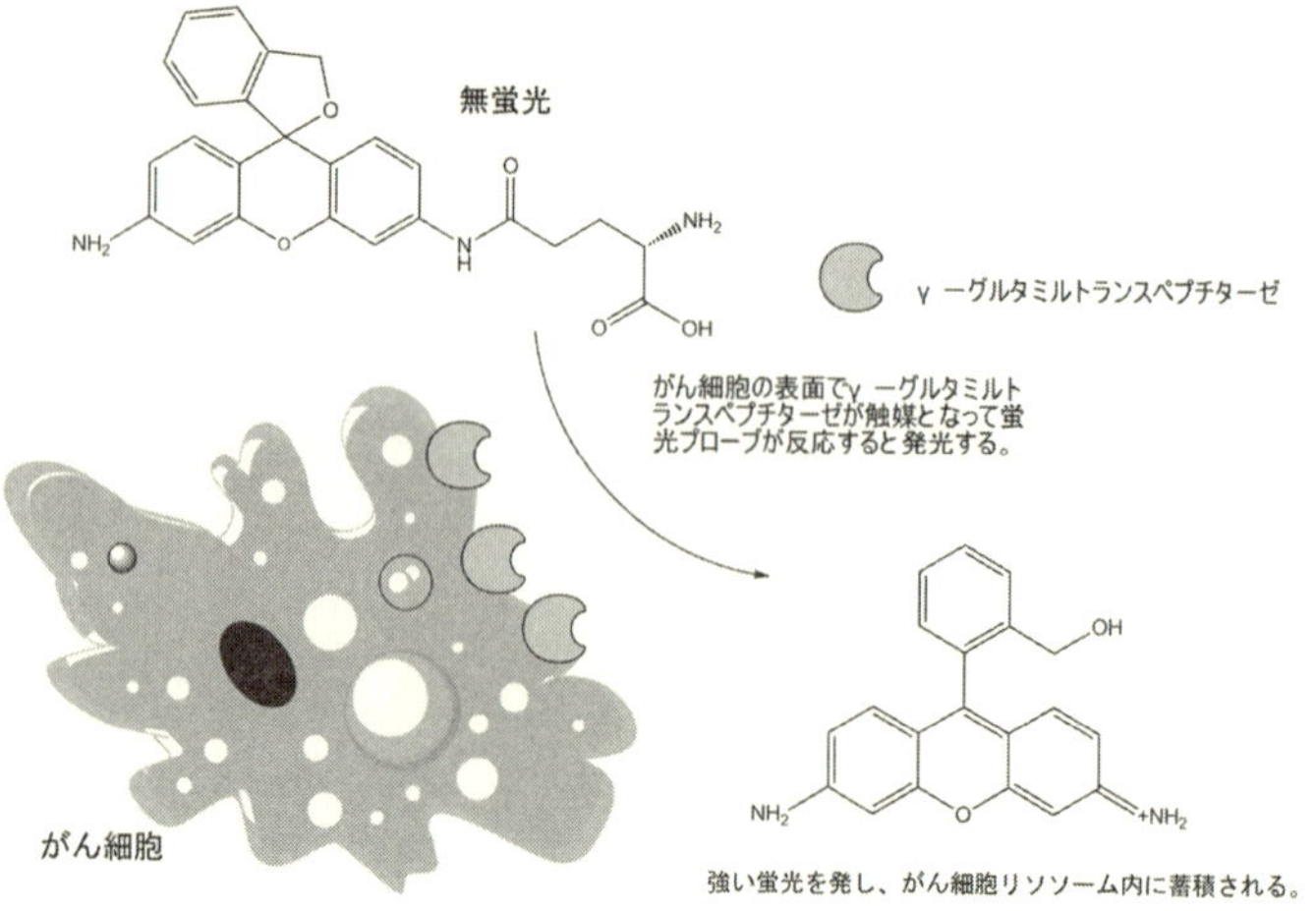

図 3.6　がん細胞の蛍光可視化

う設計されています。これら蛍光キレートプローブは単に細胞内のカルシウムイオン濃度を定量するだけではなく、蛍光顕微鏡の技術とも結びついてカルシウムイオンが細胞内で局在化している様子を可視化することにも成功しています（図３・５）。

カルシウムイオンのほかにもマグネシウムイオン、亜鉛イオン、また金属イオン以外にも活性酸素、これがもとになって生じるラジカルの検出に特異性を持つ蛍光プローブが開発され蛍光試薬として市販されています。また、がん細胞を直接染色する蛍光色素も開発されました。がん細胞表面ではγ-グルタミルトランスペプチターゼ（酵素）が多く存在しグルタチオン合成に関わっています。この酵素によって特異的に切断される反応と蛍光プローブを組み合わせて、この蛍光プローブをがんの組織細胞にスプレーすると、わずか一ミリメートルのがん細胞でも三〇秒から一分程度で発光し、正常細胞と明確に区別できるようになりました[26]（図３・６）。

蛍光顕微鏡を利用したバイオイメージングは観測したい分子を蛍光色素で標識し、その分子だけを光らせて観測する技術です。タンパク質、脂質、核酸など生体分子を特異的に標識するプローブ（蛍光色素）が多数開発されてきました。その標識方法も様々で、最も単純には蛍光色素を標的に対して非共有結合的に吸着させる方法で、ＤＮＡやタンパク質を電気泳動で分離した後に可視化するために広く用いられており、一般に染色と呼ばれています。この方法では特定のＤＮＡ配列、特定のタンパク質構造体などの標識特異性は期待できません（図３・７）。

特定の分子の特定部位に対して標識を行う場合は直接化学結合で導入する方法が採用されてい

て、色素を導入する部位とその結果生じる化学結合の種類に応じて様々な色素導入試薬が市販されています。よく用いられるのはアミン反応性のものとチオール反応性のものです（図３・８）。この方法は試験管内で単一成分のタンパク質分子に対して蛍光色素を導入するには有効ですが、複数種類の反応活性物質が存在する細胞内のタンパク質の標識反応には適しません。そこでより特異的な染色、あるいは標識を実現するためには、観たい組織部位に多く存在するタンパク質を抗原として抗体を作製します。この抗体を蛍光色素で特異的に標識しておき、次いでこの蛍光性抗体タンパク質と標的のタンパク質を細胞組織内で結合させることでようやく標的のタンパク質の蛍光標識が完成します。いささか回りくどい方法ではありますが、後に述べる蛍光タンパク質が登場して細胞内プローブとして発達するまで広く用いられてきました。

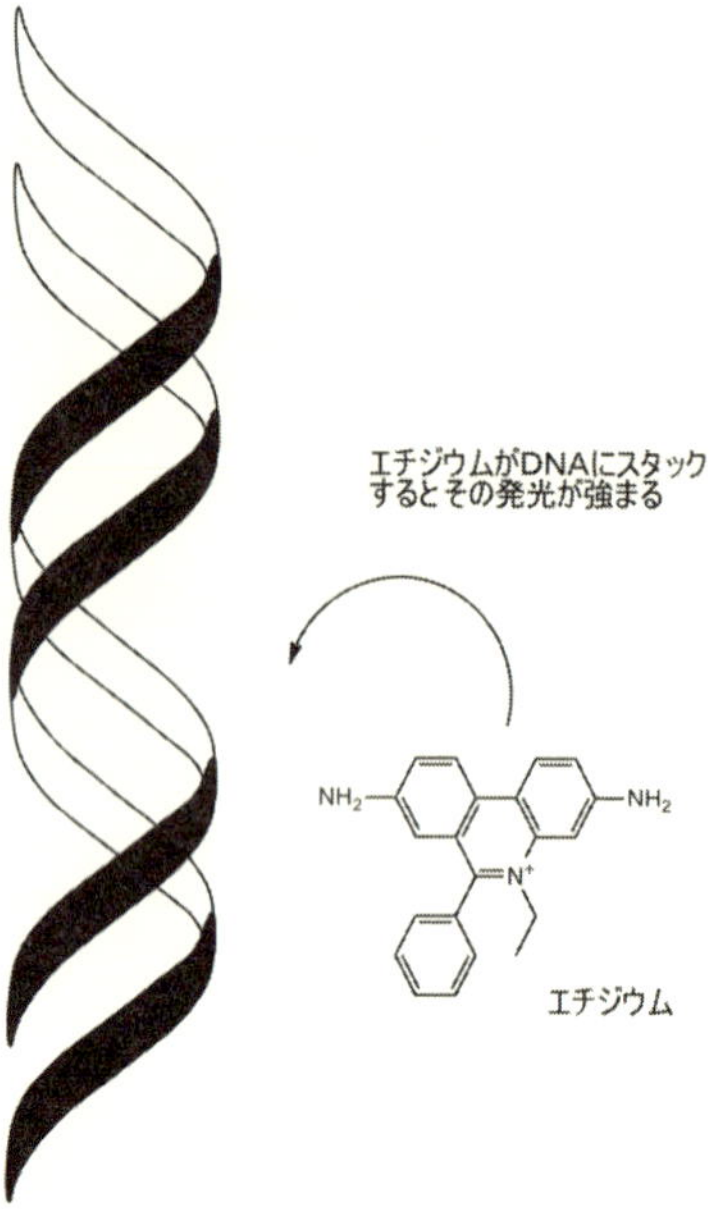

2重らせんのDNA

図 3.7 エチジウムのスタッキングによる DNA の可視化

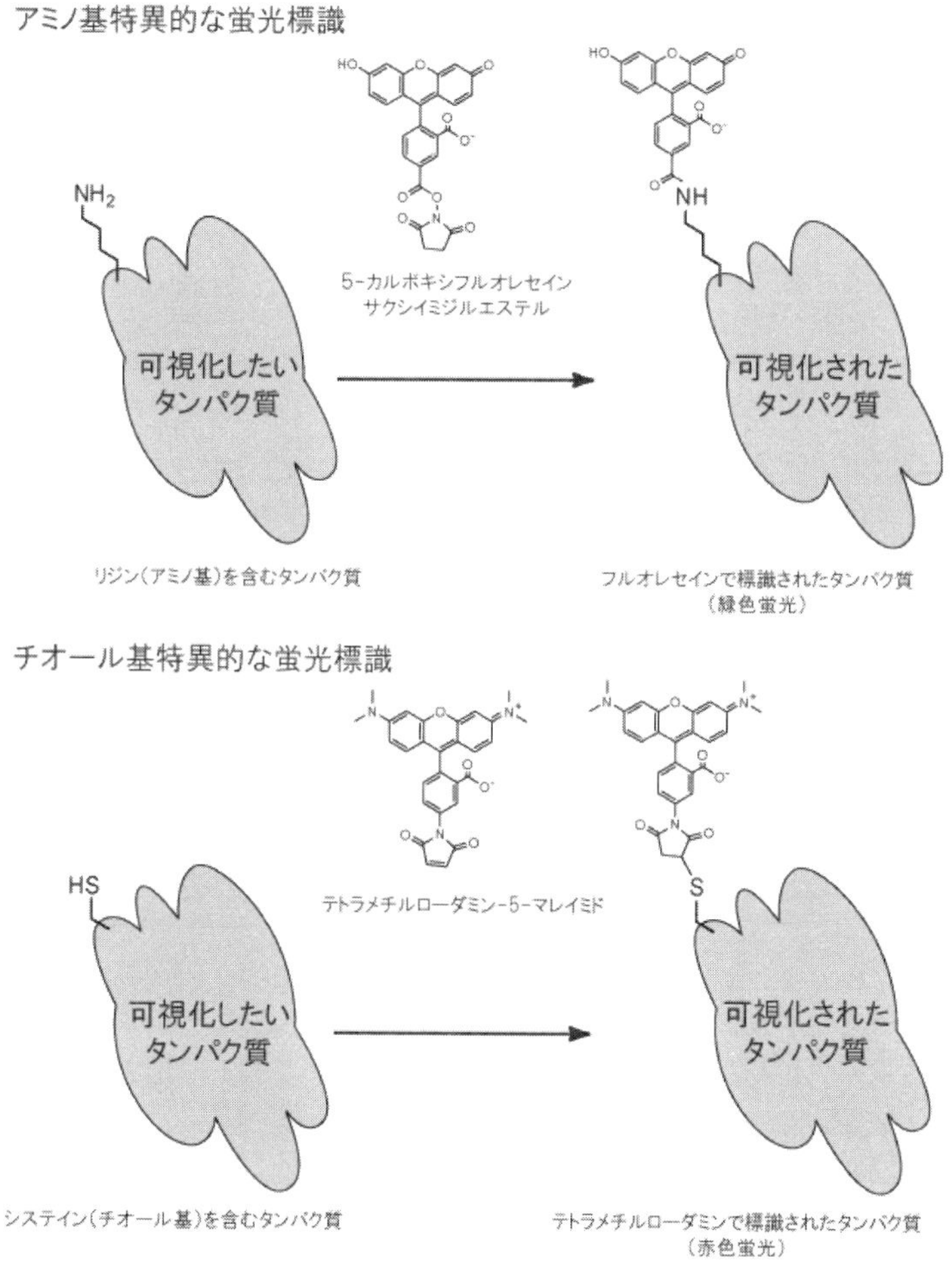

図 3.8　タンパク質の蛍光色素による標識。アミノ基（上）とチオール基（下）に対する特異的な標識

緑色蛍光タンパク質（GFP）の登場と発達、その立役者たち

観たいタンパク質を蛍光標識することによる細胞内タンパク質の可視化では、①タンパク質の蛍光色素による標識、②蛍光標識したタンパク質の精製、③蛍光標識したタンパク質の細胞内導入の少なくとも三つの段階を経ることが必要です。いずれの段階に障害があっても目的のタンパク質を細胞内で観測することはできません。これを解決するあまりにも画期的な発見がなされバイオイメージングの技術を飛躍的に進歩させました。それが緑色蛍光タンパク質（Green fluorescent protein, GFP）の発見です。

一九六一年に日本からアメリカ合衆国プリンストンに渡っていた下村脩博士によってオワンクラゲの傘のふちから発見され、単離されました。毎週末、家族総出でワシントン州の港に出掛けてはオワンクラゲを捕獲し、その数は一〇〇万を超えるともいわれているから驚きます。その後しばらくこの光るタンパク質は表舞台から姿を消したように思われていましたが、八〇年代に入って当時、下村と同じウッズホール海洋学研究所（マサチューセッツ）にいたダグラス・プラシャー博士はGFPの有効性に着目し、見えないタンパク質を可視化するバイオマーカーとして応用することを念頭にGFPをコードした遺伝子のクローニングを始めました（図3・9）。当時プラシャーは合衆国癌研究の資金援助でこの研究に取り組んでおり、二年間という短い期間ではありましたが、GFPに含まれる二三八のアミノ酸配列を特定し一九九二年に論文を発表しています[27]。しかし、プラシャーに資金援助が継続されることはありませんでした。

プラシャーからＧＦＰ遺伝子の供与を受け、この研究を引き継いだのがマーティー・チャルフィー博士（コロンビア大学教授）とロジャー・チェン博士（カリフォルニア大学教授）でした。チャルフィーはＧＦＰを大腸菌で発現させることに成功し、ＧＦＰの汎用性を拡大しました。細胞とその内部で活躍するタンパク質を可視化するにあたってはより長い波長の光のほうが有効です。なぜならば、ほとんどのタンパク質が側鎖に芳香環を持つアミノ酸であるフェニルアラニン、チロシン、トリプトファンを含んでおりより短い波長の光を吸収し弱いながらも発光するから

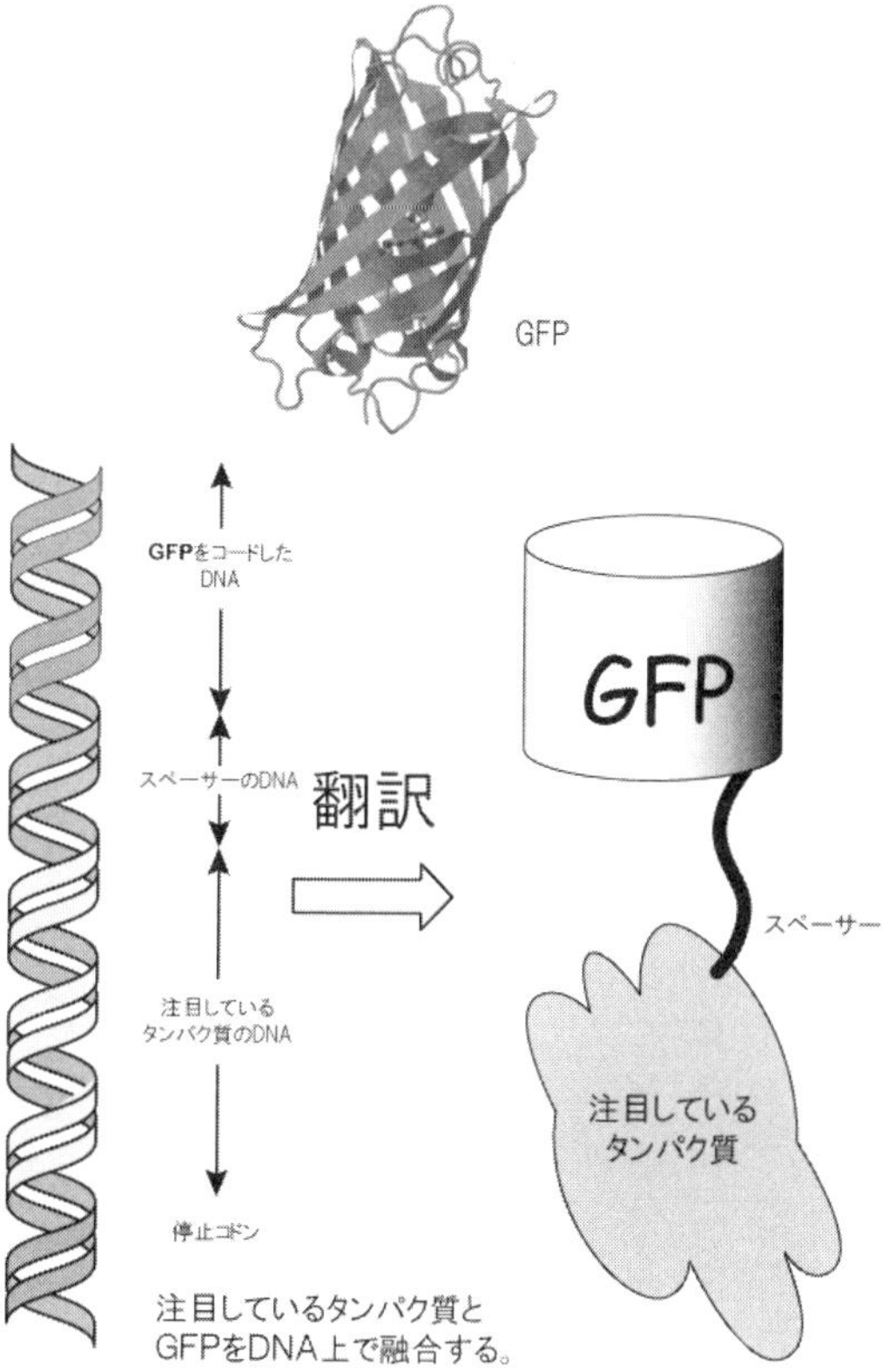

図 3.9　GFP との融合による注目しているタンパク質の可視化

です。これらの発光はバックグランド蛍光として注目しているタンパク質、すなわち蛍光標識したタンパク質を観測する際にはノイズとして障害になります。ノイズを少なくするためには芳香環側鎖による光の吸収のない長波長が有効ということになります。

ロシアの科学者、サージー・ルキアノフ博士はGFP様の蛍光タンパク質を探しているうちにサンゴから赤く光る蛍光タンパク質（Red fluorescent protein, RFP）を発見します。さらにチェンは遺伝子組み換えによって多種類の異なる発光色を持った蛍光タンパク質を作り、その発光波長のバリエーションは赤外にまで及んでいます。また、天然の蛍光タンパク質が四量体あるいは八量体などの多量体であったものを単量体としてより明るく、より早く発現し輝くように改良し、バイオマーカーとして多様な有効性を引き出しています。

下村によってGFPが発見されてからプラシャーがその遺伝子配列の決定に着手するまでですでに二〇年以上のときが経過していました。プラシャーがGFPに注目しなければこのタンパク質の開発はもっと遅れていたか、あるいはいまだに眠っていたのかもしれません。プラシャーからGFP遺伝子の供与を受けたチャルフィーとチェン、そしてGFPの発見者である下村に二〇〇八年、ノーベル化学賞が授与されました。しかし、そのときプラシャーはすでにサイエンスの表舞台から姿を消していたのです(27)。

時間差で観たいものだけを観る、バイオイメージングと細胞動態の観察

蛍光分子が崩壊しない限り励起光を照射し続ければ発光し続けることになります。これを定常光蛍光と呼びます（実際は励起状態から分子構造を変化させる方向に向かうものもあり、ブリーチング（退色）という現象が起こることもあります）。励起光を照射するのをやめれば発光も止まると思いきや、現実は励起状態には一〇ナノ秒程度の寿命があるためレーザーなどを用いて瞬時のパルスとして励起光を与えると、励起パルスの直後で発光強度を最大にしてその後は発光強度が減衰し続けることになります。

上述のＧＦＰで開発された赤外波長など励起光よりさらに大きな波長を選択し観測対象をバックグランド蛍光から区別するのも一つの方法ですが、時間分解蛍光によるイメージングのメリットは観たい試料以外の蛍光（バックグランド蛍光）などのノイズを避け観測対象を解像度の高い映像として捉えることです。標識として用いる蛍光プローブの寿命が長いほどノイズ、バックグランドを避けるのに有利になりますがそのぶん微小時間ごとの発光強度は弱くなります。これを補うためにはより強い励起光を観測試料まで導くこと、より発光の量子収率（発光の効率）が高い蛍光プローブの開発が不可欠でした。

蛍光寿命解析のもう一つの利点は試料中に異なる寿命成分が複数存在するとき、それらを分離して観測できることです。すなわち、寿命の短い成分は発光寿命が尽きる前であればそれを観測でき、発光寿命の長い成分は短寿命成分の発光強度が十分に弱くなったときあるいはその寿命が尽きた後

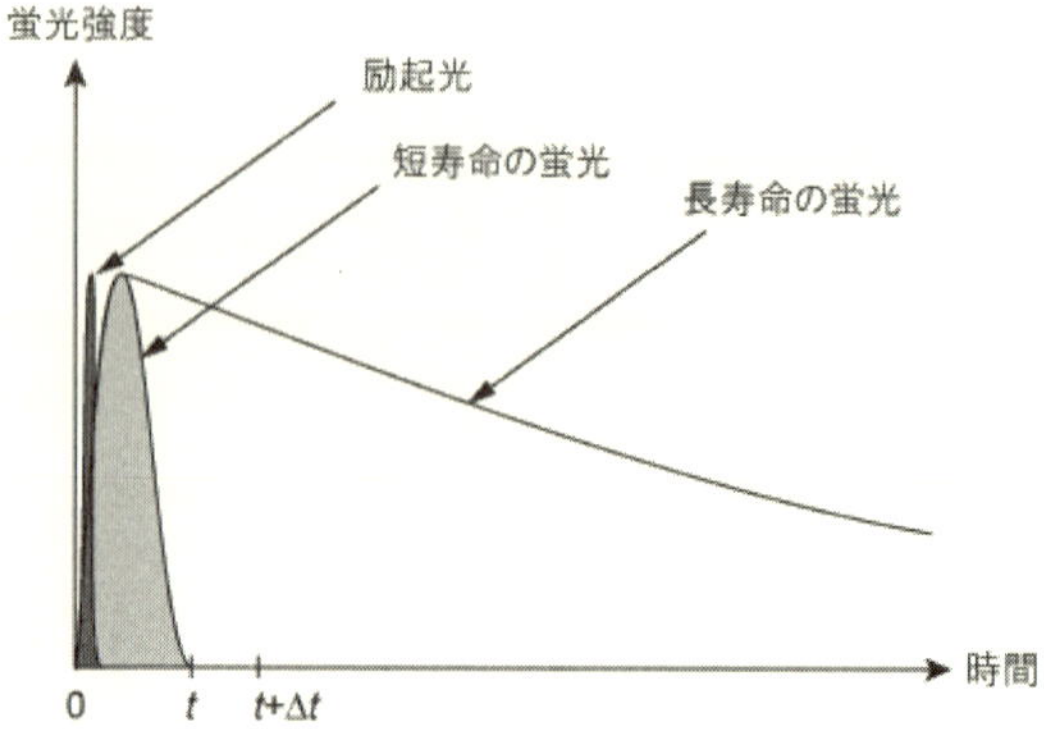

図 3.10　時間分解蛍光、励起光、短寿命蛍光、長寿命蛍光それぞれの減衰曲線。時間差で観たいものだけを観測する。

に観測すればよいことになります。図3・10で短寿命の蛍光成分は t 秒で尽きています（図3・10）。これ以降、たとえば（$t+\Delta t$）秒後には長寿命の蛍光成分だけが観測できます。蛍光寿命解析は蛍光顕微鏡と結びついて時間分解イメージングとして発達してきました。

　さらに都合がいいのは分子間の相互作用の解析に使えることです。蛍光標識した観測対象が別の分子、あるいはイオンなどの化学種と複合体を形成するとき、たいていは蛍光強度と蛍光寿命に変化があります。この性質を利用すると分子間相互作用と形成された複合体の成分量を定量することが可能で、細胞内の分子の動態、タンパク質同士の相互作用などのイベントをリアルタイムで観測することができるようになりました。かつて生物学研究では細胞をいじらず顕微鏡などで外から眺めていたのですが、近年は細胞の内側に手を加えて標識し、見たい部分、あるいは細胞内の反応までを視覚化する技術が発達してきています。これは蛍光色素で特定のタンパク質、核酸を標識することで可能になりました。そして先に述べたＧＦＰと遺伝子組み換えの技術で置き換えられつつあり、分子間の相互作用、細胞内での運動など動的な分子のイメージングに応用されてきています。

蛍光とは吸収した光のエネルギーにより励起された（高いエネルギー状態にある）分子がそのエネルギーを消費する過程の一つです。この「消費の仕方」を注意深く観測することで、発光あるいは消光という見かけの現象を分子と分子が関わりあう反応として視覚的にあるいは定量的にモニタ一することができます。観測したい二つの分子のうち一つが蛍光を発する分子でもう一方が蛍光を消光する分子（消光剤）であるとき、この二つの分子が出会う（一定距離以下に近づく）とそれまで観測されていた蛍光分子の発光が見えなくなってきます。この様子を定量すれば観測領域内に存在する二つの分子とその複合体の量を明らかにすることもできます。細胞内に物差しを当てて分子間の距離を決定することはできませんが、二つの蛍光分子間でエネルギーの移動が認められるときはそのエネルギー移動効率から分子間の距離を決定することも可能になります。

第四章　生命の起源の理解にケミカルバイオロジーは何を与えるのか？

第一節　生命の起源は何か？

生命の起源が何であるかという議論は久しく生命科学の命題になっています。また、これに科学的な答えを導こうという努力はある意味で科学の歴史といってもよいでしょう。ＤＮＡの持つ遺伝情報がＲＮＡに転写され、この情報の一部がタンパク質、すなわちアミノ酸配列に翻訳されるという一連のスキームが提唱されセントラルドグマと呼ばれています。セントラルドグマとはこの言葉のとおり生命を定義する上でまさに「中心になる宣言」であったのですが、自己触媒機能を持ったＲＮＡであるリボザイムの発見、ＲＮＡからＤＮＡへの逆転写、またＲＮＡに遺伝情報の編集機能の存在が認められ、「生命の起源」について化学を道具とするケミカルバイオロジーの探求がさらに深まり、セントラルドグマはいずれ書き換えられていくのかもしれません。

ウイルスは生命か？

一般にウイルスというのはタンパク質のカプセルでできていてその内側にゲノム（遺伝情報）を持ちますが自己増殖することはできません。そこで宿主となる生命体の細胞に侵入しその細胞の増殖機能を借りて自身の遺伝情報を発現させウイルス自身の複製と増殖を達成します。この間に宿主の細胞の中でウイルスの遺伝子に変異が生じることもあり、結果としてこれが新種のインフルエンザウイルスを生んだりします。そしてウイルスは次の寄生先を求めて細胞外へと旅立つのですが、ウイルスには能動的な移動意思はないので正確には拡散により移動することになります。ウイルスにはゲノムとしてＤＮＡを持つものとＲＮＡを持つものがあり、ＲＮＡをゲノムとして持つものはこれを寄生した細胞内で直接ｍＲＮＡとして発現させるものと、いったんＤＮＡに逆転写し宿主である生命体にある通常の発現スキーム（セントラルドグマ）に乗せるものがあり、後者をレトロウイルスと呼びます。ＡＩＤＳを発症する原因となるＨＩＶはレトロウイルスに属します。すなわち、遺伝子としてはＤＮＡのみならずＲＮＡも遺伝情報を蓄積するメディアとなりうる明確な根拠といえるでしょう。

自己増殖可能なことを「生命」を定義する一つの要素とするとウイルスは生命体とは呼べないことになります。しかし、生命進化の歴史の間で消滅せず、それどころか文明とともに発達した大陸間の流通とも相まってウイルスが現在もなお新種をリリースしながらも地球上に存在し続けていることを考えると、ウイルスを介して運ばれている遺伝情報が生命の歴史にいくばくかの影響を与えてきたことは否めないと思われます。

どこからが生命か？　生命の始まり

生命の起源を議論するためには「生命の定義、どこからが生命か？」を明確にしておく必要があるかもしれません。一般的な考え方としては「ゲノムを持ち、自己増殖できる単位」といってよいでしょう。ゲノムはその生命種の特徴を後世に伝える遺伝情報です。ウイルスはゲノムを持ちますが自己増殖の定義に基づけば生命以前ということになります。ゲノムには生命体の形態のみならず、環境適応能など生命の維持に必要なすべての情報が記録されています。しかし、生命の「起源」ということになるとそれは生命以前も含んで議論する必要がありそうです。これまでのところ議論の対象となるのは「何から始まったか」ということで化学的に「生命を始める分子として、何が先にあったか？」という議論に集約できそうです。

確かにウイルスは自己増殖できないから生命体とは呼べません。しかし、他の生命体の細胞を借りれば増殖可能です。すなわち、ウイルスを構成する遺伝子も形を変えて生命の中に入り込むことができるのです。かくしてウイルスは宿主生命体の本来の機能を侵食していくことになります。DNA→RNA→タンパク質のスキームに示されるのがセントラルドグマではありますが、この中でタンパク質はDNAからRNAを介して合成され、DNA、RNAもこれらの合成を助ける酵素が存在します。こうなると「卵が先か、鶏が先か？」のような議論ではあります。

タンパク質も核酸も限られた単量体（モノマー）が一次元的に連なった高分子（ポリマー）です。タンパク質を構成するモノマーは二〇種類のアミノ酸です。一方、DNA、RNAはずれも四種類のヌクレオチドといわれるモノマーから構成されています。これらは生命の歴史の比較的初期の段階で限られたモノマーに集約されたと思われます。生命以前（原始）ではさらに多種多様なアミノ酸や核酸モノマーが存在していて、生命の進化の結果としてそれぞれ二〇種類のL-アミノ酸、四種のヌクレオチドが選択されるに至ったと考えられます。ではどちらが先か？　タンパク質か核酸か？　モノマー同士を比べると核酸、ヌクレオチドのほうがアミノ酸より分子量も大きく圧倒的に複雑です。タンパク質、ポリペプチドあるいはオリゴペプチドから生命が始まったと主張する人々はアミノ酸の単量体としての簡単さを挙げています。セントラルドグマでは「はじめにタンパク質の酵素（触媒）あり」という主張です。しかし、これを覆す発見がいくつかなされてきて核酸から始まる生命の歴史「ＲＮＡワールド」が提唱されるに至っているのです。

第二節　生命の起源と進化を担ってきたＲＮＡ

リボザイムの発見

ＲＮＡが触媒機能を持つ可能性はＤＮＡの二重らせん構造が決められた一九六〇年代には提唱されていました。提唱はされたものの実証はされず、その後しばらく忘れられていて実験的にＲＮＡの触媒作用が証明されたのは一九七〇年代の後半になってからでした。これがリボザイムと名づけられたのは一九八〇年代に入ってからです。リボザイムはそれぞれの反応様式によってグループⅠ、グループⅡそしてリボヌクレアーゼＰが知られています。

グループＩイントロンスプライシング

グループＩリボザイムはその活性中心にグアノシン結合部位を持っています。このグアノシンはリボザイム本体とは別で外来の単量体でリボザイムの触媒活性を助ける補酵素として働きます。グ

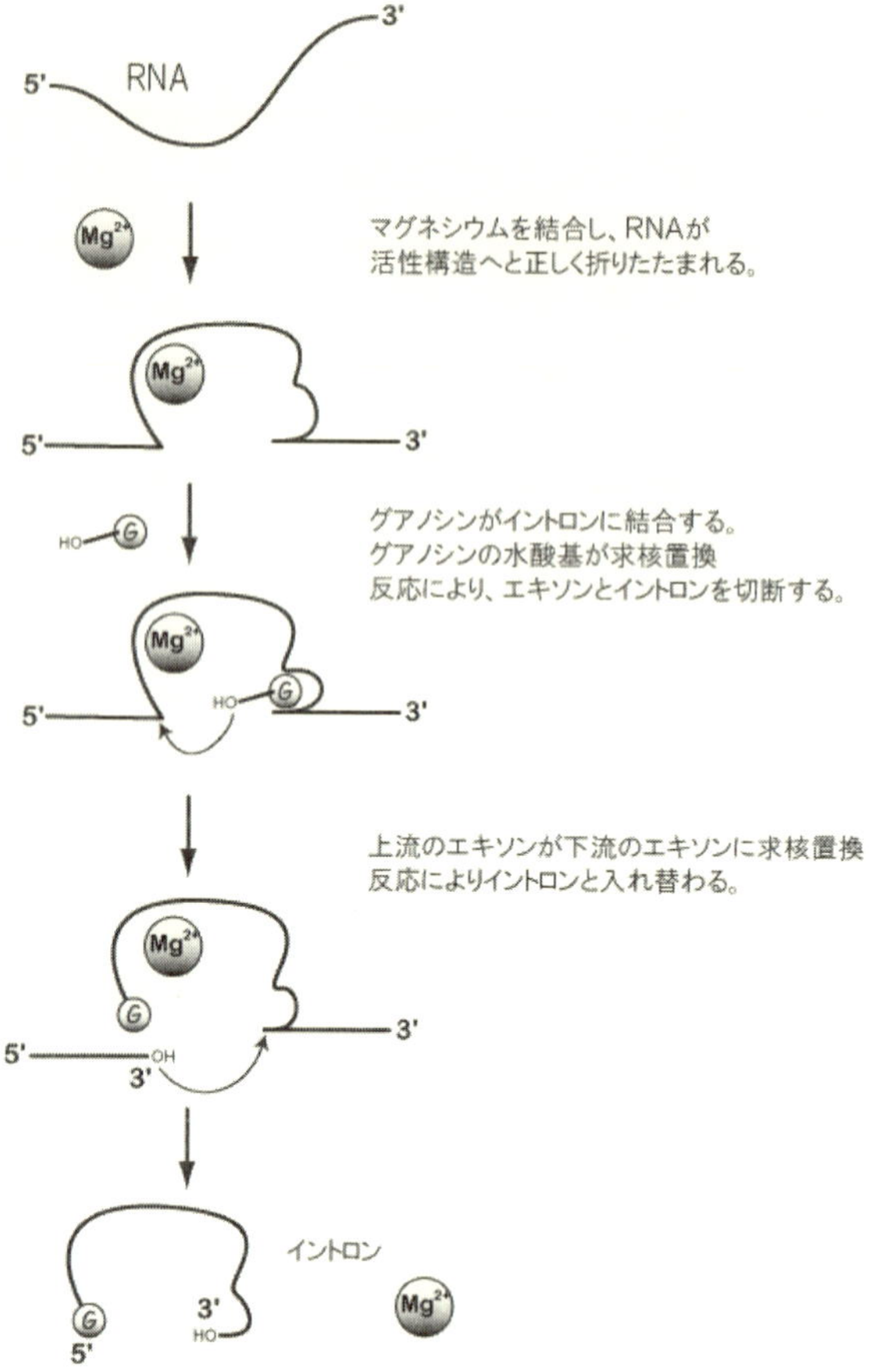

5'
RNA
3'
Mg2+
マグネシウムを結合し、RNAが
活性構造へと正しく折りたたまれる。
HO
G
グアノシンがイントロンに結合する。
グアノシンの水酸基が求核置換
反応により、エキソンとイントロンを切断する。
上流のエキソンが下流のエキソンに求核置換
反応によりイントロンと入れ替わる。
OH
イントロン
エキソン

図 4.1　グループＩイントロンスプライシング

アノシンの３位水酸基が活性種となりイントロン（タンパク質に翻訳されないＲＮＡ）を切断し、次いでエキソンの3'末端の水酸基が活性種となりイントロンを加水分解的に切断すると同時に下流に位置するエキソンの5'末端と結合します。結果として5'末端にグアノシンが付加されたイントロンが切り離されます。すなわち、ＲＮＡ自身がタンパク質の酵素の助けを借りることなく自己触媒として働き不必要な遺伝情報をイントロンとして切除しているのです。グループＩイントロンは広く生命の種を問わず見つかっており、様々な種で遺伝情報の編集に関わっていると考えられています（図４・１）。

グループⅡイントロンスプライシング

グループⅡリボザイムは前述のグループＩリボザイムにある補酵素グアノシンのような外部因子を必要とせず、完全に単独で自己触媒として働きスプライシングが完結します。イントロン内、アデニンの２位水酸基がイントロンの5'末端となるリンに求核的に反応しエステル交換が起こります。次いでエキソンの3'末端の水酸基がイントロンを加水分解的に切断すると同時に下流に位置するエキソンの5'末端と結合し、結果として〝投げ環〟型のイントロンが切り離されることになります。グループⅡイントロンのスプライシングを試験管内で行う場合、最適な温度四五℃であっても反応速度はグループＩイントロンスプライシングの一〇分の一であるなど、触媒としての性能はグループＩよりも明らかに劣ることから、実際の細胞内の反応では特定のタンパク質が反応を助けていることが示唆されています（図4・2）。

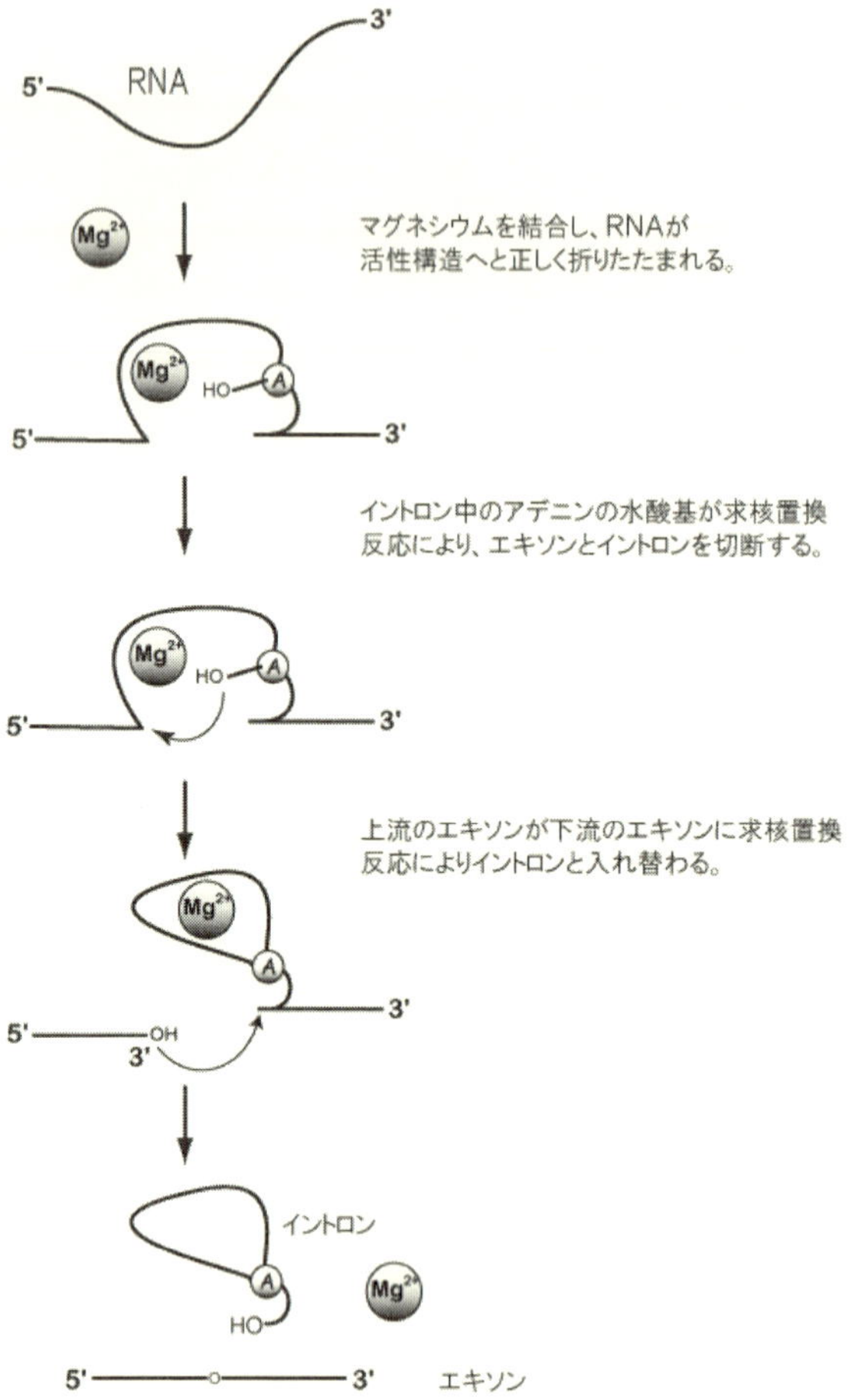

5'
RNA
3'
Mg2+
マグネシウムを結合し、RNAが
活性構造へと正しく折りたたまれる。
HO
A
イントロン中のアデニンの水酸基が求核置換
反応により、エキソンとイントロンを切断する。
上流のエキソンが下流のエキソンに求核置換
反応によりイントロンと入れ替わる。
OH
イントロン
エキソン

図4.2　グループⅡイントロンスプライシング

リボヌクレアーゼP

リボザイム自身が再び触媒として働く能力（ターンオーバー）も含めた完全な意味のＲＮＡ触媒リボザイムとして発見されているのはリボヌクレアーゼＰです。これはトランスファーＲＮＡ（ｔＲＮＡ）の前駆体を特異的に結合し5'末端にある余分な配列を切断する役目を果たしています。リボヌクレアーゼＰは一九八〇年代の終わりころにはその存在と触媒作用が知られていましたが正確な三次元構造が解き明かされたのは二〇〇三年になってからです。それまではタンパク質、核酸などの細胞内生成物を活動可能な状態に切断し整える働き、プロセッシングはタンパク質の酵素だけが担っていると考えられていました。しかし、タンパク質を合成するために必要なアミノ酸を運搬するｔＲＮＡのプロセッシングはリボヌクレアーゼＰ、すなわちＲＮＡによって行われる事実が明らかになったのです。

タンパク質が合成される以前のプロセスにＲＮＡが触媒として関わり、セルフスプライシングによりメッセンジャーＲＮＡ（ｍＲＮＡ）自身の持つ遺伝情報を編集し、またｍＲＮＡの持つ遺伝情報に基づいたタンパク質合成を行う段階でもアミノ酸の運搬を行うｔＲＮＡはリボザイム、リボヌクレアーゼＰによって整えられているという事実は一九六〇年代には予言されながらも永らく黙殺されていた仮設「ＲＮＡワールド」に実験的な根拠を与えました[28]。「ＲＮＡワールド」というのはＲＮＡが生命の起源を担う分子であるという仮説で、その根拠は次の三つの実験事実に基づいています。

① イントロンと呼ばれるタンパク質に翻訳されないmRNA上の配列をmRNA自身が自己触媒となって切り出している。（分子内の触媒作用）

② 触媒となるRNAがこれとは独立した分子である別のRNAを切断する。（分子間の触媒作用）

③ リボゾームはリボゾーマルRNA（rRNA）とリボゾーマルタンパク質の複合体であるが、アミノ酸をつむいでタンパク質を合成している機能はrRNAとtRNAが担っている。リボゾーマルタンパク質の役割は主としてリボゾームの構造の安定化である。

リボザイムの発見をきっかけに生命の分子進化に対する概念が考え直され、RNAの研究は単に生命の起源を解き明かすサイエンスにとどまらずゲノムサイエンスの一部として医療、創薬、食品などの産業体系にまで変革をもたらそうとしています。

第三節　リボスイッチ

分子の指紋を見分けるリボスイッチ

分子の細胞内の代謝物質を結合することでその代謝物質の生産量を制御するRNAが見つかりました。リボスイッチとはmRNAの非翻訳領域にあるRNAで特定の小分子代謝物質を結合することでそれ自体の構造を変化させ、これをきっかけに特定のタンパク質の発現または発現量を制御しています。代謝物質を結合することで自身の構造を変化させ機能制御がなされることからリボスイッチと呼ばれています。細胞内では様々な化学物質（代謝物質）が酵素を触媒にして生産され細胞活動ひいては生命を維持しています。しかし、この代謝物質の生産量が一定量を超えると有用物質ではなく不都合な生命反応を誘起し毒となることもあります。実際のところほとんどの有用あるいは必須物質でさえ過剰に投与されると毒となるのです。塩分の取りすぎによる動脈硬化、糖分をはじめとする過剰な栄養の摂取で糖尿病など身近にもわかりやすい例があります。このような過剰な代謝物質生産を抑制する一つの仕組みとしてリボスイッチがあります。

近年、次々と代謝物質の生産量を調節するリボスイッチが特定されており、特定の代謝物質の量がある基準量を超えるとリボスイッチとなるＲＮＡの特定領域と結合します。するとこのリボスイッチは自己の構造を変え、過剰に存在する代謝物質の生産に関わるタンパク質（酵素）の翻訳を停止します。代謝物質の生産量が減ってくるとリボスイッチから代謝物質が解離するためその構造が解かれ再び代謝物質の生産に関わる酵素の翻訳が進行するという仕組みです。リボスイッチはこれと相互作用する代謝物質の微細な構造を認識しています。

先に「こんなところにも？　身近なケミカルバイオロジー」で健康食品、グルコサミンについて触れておきました。バクテリア、*Bacillus.subtilis* はフルクトース６リン酸とグルタミンからグルタミン-フルクトース-６リン酸アミドトランスフェラーゼを触媒としグルコサミン６リン酸を合成しています。この反応は細胞膜を生合成する過程の最初の段階です。このバクテリアはグルコサミン

6リン酸が過剰に合成されてくるとその生産を止める調節機構を持っています。この役を担うのがリボスイッチです。

グルタミン-フルクトース-6リン酸アミドトランスフェラーゼをコードしているmRNAの上流、タンパク質には翻訳されない5'末端領域からこのリボスイッチは見つかりました(図4・3)。このリボスイッチに基質となるグルコサミン6リン酸が結合するとリボスイッチの上流に切断が入ります。すなわち、リボスイッチ以降のRNA配列にコードされたタンパク質の合成ができなくなり結果としてグルコサミン6リン酸の合成も止まるわけです。また、このリボスイッチはグルコサミン6リン酸に類似した構造の化合物には一切反応せず、グルコサミン6リン酸だけがこのリボスイッチを押せる唯一の「指」であり、グルコサミン6リン酸の構造がその指を見分ける「指紋」の役割を果たしています。リン酸部分を持たないグルコサミンはリボスイッチを押すことはできません。まさに分子レベルの指紋認証機能を持っていることになります[29]。リボスイッチはRNAですからこれを構成するモノマーは四つの塩基部分A、C、G、Uの相違です。タンパク質を構成する天然アミノ酸は二〇種類ありますからリボスイッチはより少ないパーツで極めて高度な基質の構造特異性を実現していることになります。

アミノ酸の生合成を調節するリボスイッチも見つかっています。バクテリア、*Bacillus.subtilis* は酸性アミノ酸であるアスパラギン酸から塩基性アミノ酸であるリジンを生合成するものが知られていてこのバクテリアの遺伝子 *lysC* にリジンリボスイッチが見つかりました。リジンはアミノ酸の一

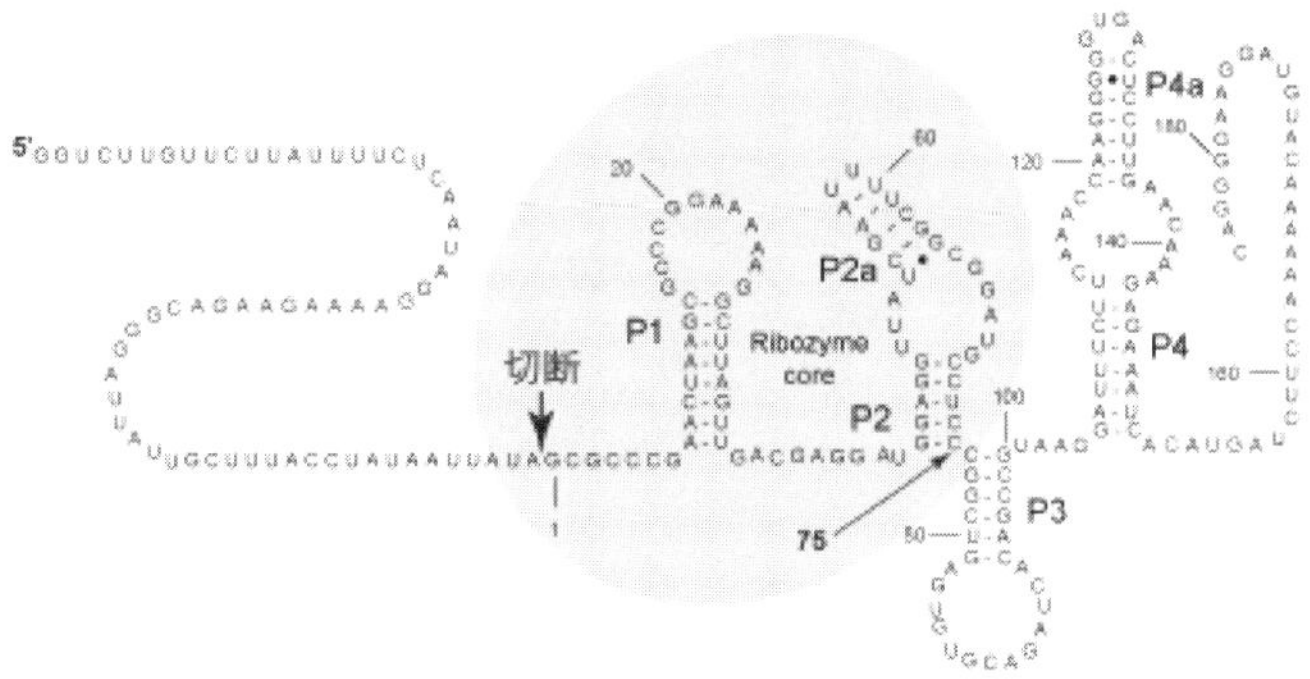

グルコサミン-6リン酸リボスイッチ(subtilis 246-glmS RNA)

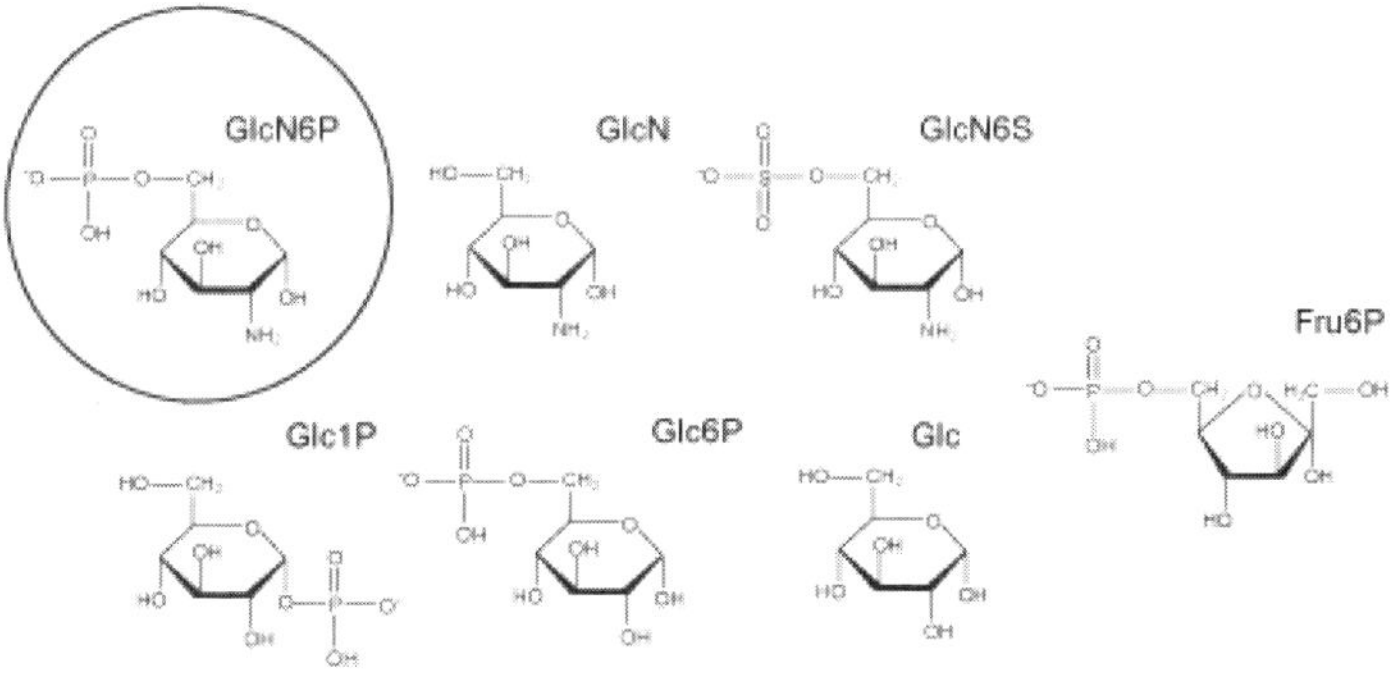

グルコサミン6リン酸(○)とその構造類似化合物

図 4.3　グルコサミン-6 リン酸リボスイッチ（上）とグルコサミン 6 リン酸（GlcN6P、○）およびその構造類似化合物（下）。指紋（構造）が一致した指（化合物）だけがリボスイッチを押すことができる。

種でバクテリアの細胞膜合成に使われ、リジンの生合成過程で生じる中間体は胞子の形成にも用いられています。バクテリアの中で塩基性アミノ酸であるリジンとその中間体が過剰になってくると、この生成物リジンがリジンリボスイッチに結合しアスパラギン酸からリジンへの転換を抑制するのです。多くの場合タンパク質には翻訳されないmRNAの5'末端側にリボスイッチは見つかっており、*B.subtilis* のゲノムから転写されるmRNAの5'末端から二六八塩基までがリジンリボスイッチとして働いていることがわかりました(30)。タンパク質を構成するアミノ酸のうち少なくとも二つ、リジンとアスパラギン酸の生産量がリボスイッチで制御されていることになります。

タンパク質の触媒である酵素の助けを借りず代謝物質の生産量を制御しているリボスイッチの発見は原始生命がRNAから始まったとする仮説、"RNAワールド" を強く支持するに至りました。今のところリボスイッチは細菌、古細菌など原核細胞では多く見つかっていますが哺乳類を含む高度な真核細胞で見つかった例は少ないようです。生命進化の過程で退化した細胞機能の一つなのかもしれません。しかし、細菌では二〜三％の遺伝情報の制御がリボスイッチによって行われておりキノコのような菌類や植物でもリボスイッチは見つかっています。リボスイッチを新たなドラッグターゲットとするとき、抗菌剤、抗ウイルス剤の開発に応用していくことは現時点でも可能であり、小分子とRNAの分子認識を理解することでこれを真核生物、哺乳類へとより高次の生命体の遺伝情報の発現制御を指向した薬物設計に応用していくことも有効でしょう。

細胞内のマグネシウムイオンの濃度を調整するリボスイッチ

これまで細胞内の金属イオンの濃度は細胞内タンパク質がセンサーとなり、金属に配位することで遊離している金属イオンの量を制限し、その濃度を調整していると考えられていました。しかし、金属イオンを結合し、その輸送をつかさどるタンパク質の発現量を調整するリボスイッチがみつかり、またこのリボスイッチはその金属イオンの濃度に反応して作用していることがわかってきました。

グラム陰性菌 *Bacillus subtilis* に存在する *mgtE* と名づけられた遺伝子の上流から転写されるｍＲＮＡに M-box と名づけられた非翻訳領域があり、この部分の下流にはマグネシウムイオンの輸送に関わるタンパク質の発現がコードされています。カリウムイオンやマグネシウムイオンがリボザイムなどのＲＮＡの三次構造の安定化に寄与していることはすでに知られており、M-box も二価の金属一般を検知しますが細胞内の金属イオン濃度が低い場合はマグネシウムイオンにのみ高い特異性を示します。

M-box とマグネシウムイオンの共結晶構造を解析したところ、M-box は三つのＲＮＡの二重らせんが平行に位置した構造をとっており、これに少なくとも六つのマグネシウムイオンが結合していることがわかりました（図４・４）。とくに一番目のマグネシウムイオンが果たす役割は重要でＬ５のリン酸の酸素が配位し、水分子を介して複数のＲＮＡの部分構造と接触しています。また、二番目のマグネシウムイオンはＬ５とＰ２、Ｐ２とＰ５のかけ橋を担っています。三番目のマグネシウムイオンはこれが結合する部位の部分構造を安定化し、P2とL5の相互作用を助けています。これらに比べると四番目から六番目までのマグネシウムイオンがこのリボスイッ

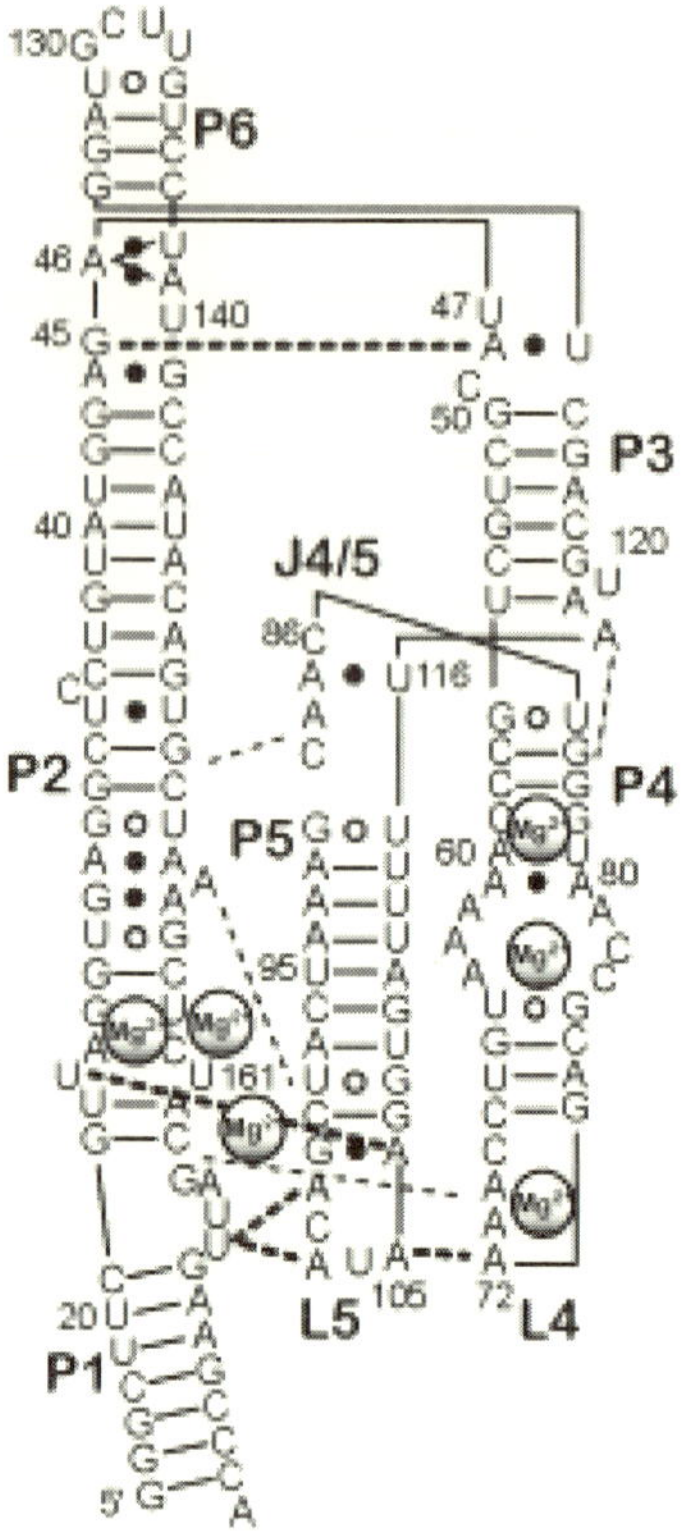

図 4.4　マグネシウムイオンを溜めこむリボスイッチ。M-box RNA

チの構造に寄与する役割は限定的です。M-boxに六つのマグネシウムイオンが結合することでL4-L5-P2の間にトリプルヘリックスを形成し構造がコンパクトになります。そしてアンチターミネーターの一部を含みP1ヘリックス構造が安定化されアンチターミネーターは働かなくなります。そしてM-box下流のマグネシウムイオン輸送タンパク質の合成が抑制されます。M-boxを介した細胞内マグネシウムイオン濃度の調整は広くグラム陰性菌に共有されているようです(31)。

セントラルドグマの修正

リボザイムの発見によりゲノム情報がＲＮＡの段階で編集される事実がわかり、リボスイッチの発見により遺伝情報の産物であるタンパク質の発現量までがＲＮＡによって調整されていることが示されました[32]。さらに最近ではｍＲＮＡの段階で遺伝情報そのもの、化学的には核酸塩基の組み合わせによるコドンのアミノ酸情報が書き換えられている可能性をＤＮＡ、ｍＲＮＡそれぞれの段階で決定された塩基配列の不一致から示されるに至っています[33]。これにはまだ多くの反論も示されてはいますが、将来的にはセントラルドグマが修正される可能性、すなわち従来のセントラルドグマに「ＲＮＡ編集」が書き加えられる可能性は高まってきているといってよいでしょう。

第五章　薬物探索と医療開発におけるケミカルバイオロジー

合成化学と薬物探索はケミカルバイオロジーと最も結びつきが強く、これらはともに発達してきたといってもいいかもしれません（もっともこのごろでは合成以外の方法で作られる薬剤も実用化されてきています。抗体医薬、アプタマー医薬など、これらについては後に述べます。）。現在、広く用いられている薬剤のほとんどが化学合成によって作られたものであり、合成化学はケミカルバイオロジーを発達させてきた一要素といえます。今では合成化学は注目する特定の化合物を目指して合成する目的指向型のみならず、構造または反応形態を共有する組み合わせ論的な合成方法である多様性指向型へと発展してきていることはすでに述べました。これと同時に多様性指向により合成された薬物の候補を大量かつ迅速に評価する方法、ハイスループットスクリーニングには分光分析化学が応用され、薬物探索の化学が発達してきました。様々な蛍光プローブ、蛍光性タンパク質などによる標識方法、化学発光による検出方法を開発することがこれに含まれます。

第一節　ゲノム創薬

これまでの医療は、わかりやすくいえばこの症状にはこの処方といった具合の対処療法が主たるものでした。すでにヒトゲノムプロジェクトは二〇〇三年に完了しており、現在ではゲノム解読のコストを下げることに尽力している段階です。アメリカ合衆国の国立衛生研究所（ＮＩＨ）はすでに数値目標を掲げていて、プロジェクト開始から解読完了までの一三年間におよそ一〇億ドルかかっていた解読費用は二〇〇五年には一〇〇〇万ドル、そして二〇一三年には一〇〇〇ドルまで下がり一日以内で解読可能になっています（この本が出版されるころには一〇〇ドル、一時間以内で解読できているかもしれない？）。このままゲノム解読のコストダウンが進むといずれは個人のゲノム解読が人間ドックの一オプションになる日もくるでしょう。そこで個人の遺伝情報に基づく医療開発の需要が増してきます。また、製薬会社をはじめとして薬を提供する側は副作用など有害事象によるコストは莫大で、アメリカ合衆国食品医薬局の試算では製薬会社は副作用などの有害事象を回避することで一社当たり一億ドルを節約できると試算していて、患者個人に合わせたテーラーメード医療を開発していくことは副作用を回避する強力な手段の一つと目されています。これからはゲノム情報に基づく予防医療も発達していくことでしょう。ゲノム創薬に近づく方法はジェネティクス（遺伝学）からケミカルジェネティクス（化学遺伝学）へと展開されています。

ケミカルジェネティクス

特定遺伝子の機能に関わる研究、ジェネティクスになぞらえ、生理活性を示す小分子化合物が相互作用するタンパク質を特定し、そのタンパク質の機能研究を進めるのがケミカルジェネティクスの基本的な考え方です。化合物とタンパク質の特徴を結びつける方法の相違によってフォーワードケミカルジェネティクスとリバースケミカルジェネティクスに分けられます。さらにここで注目していたタンパク質とそのタンパク質をコードしたゲノム情報を結びつけることがケミカルジェノミクスに発達しています。

フォーワードケミカルジェネティクス

フォーワードケミカルジェネティクスはフォーワードジェノミクス（順遺伝学）になぞらえて進められます。フォーワードジェノミクスは生物表現型（生命体の目に見える変化、形態の変化など）に注目して遺伝子に変異を与え、この表現型に影響を与える原因となる遺伝子を特定する方法です。ケミカルジェネティクスは遺伝子を化合物に置き換え、注目している生物表現型に影響を与える化合物を探索し、これに関係するタンパク質を特定していきます。ジェノミクスが遺伝子と生物表現型を結びつけるのに対してケミカルジェノミクスは生物表現型を通して化合物の探索を行い、遺伝子の発現産物であるタンパク質と化合物の相関性を見出そうとする研究の方法です。

ここで、フォーワードケミカルジェネティクスの例を一つ示しましょう。タクロリムス（FK506）は一九八四年に筑波山麓の土壌中の放線菌から見つかった天然物で、抗免疫作用が認められ一九九六年に肝臓移植の際の拒絶反応抑制剤として認可されました（現在のアステラス薬品、当時の藤沢薬品工業による）。ハーバード大のシュライバーらはタクロリムスを固定化した樹脂を作製し、これを固相担体とするアフィニティークロマトグラフィーによるスクリーニングでタクロリムスに結合するタンパク質（FK506 binding protein, FKBP）を発見して、タクロリムス単独ではなくタクロリムス－ＦＫＢＲ複合体に免疫抑制作用があることを突きとめました。一方、ラパマイシン（rapamycin）

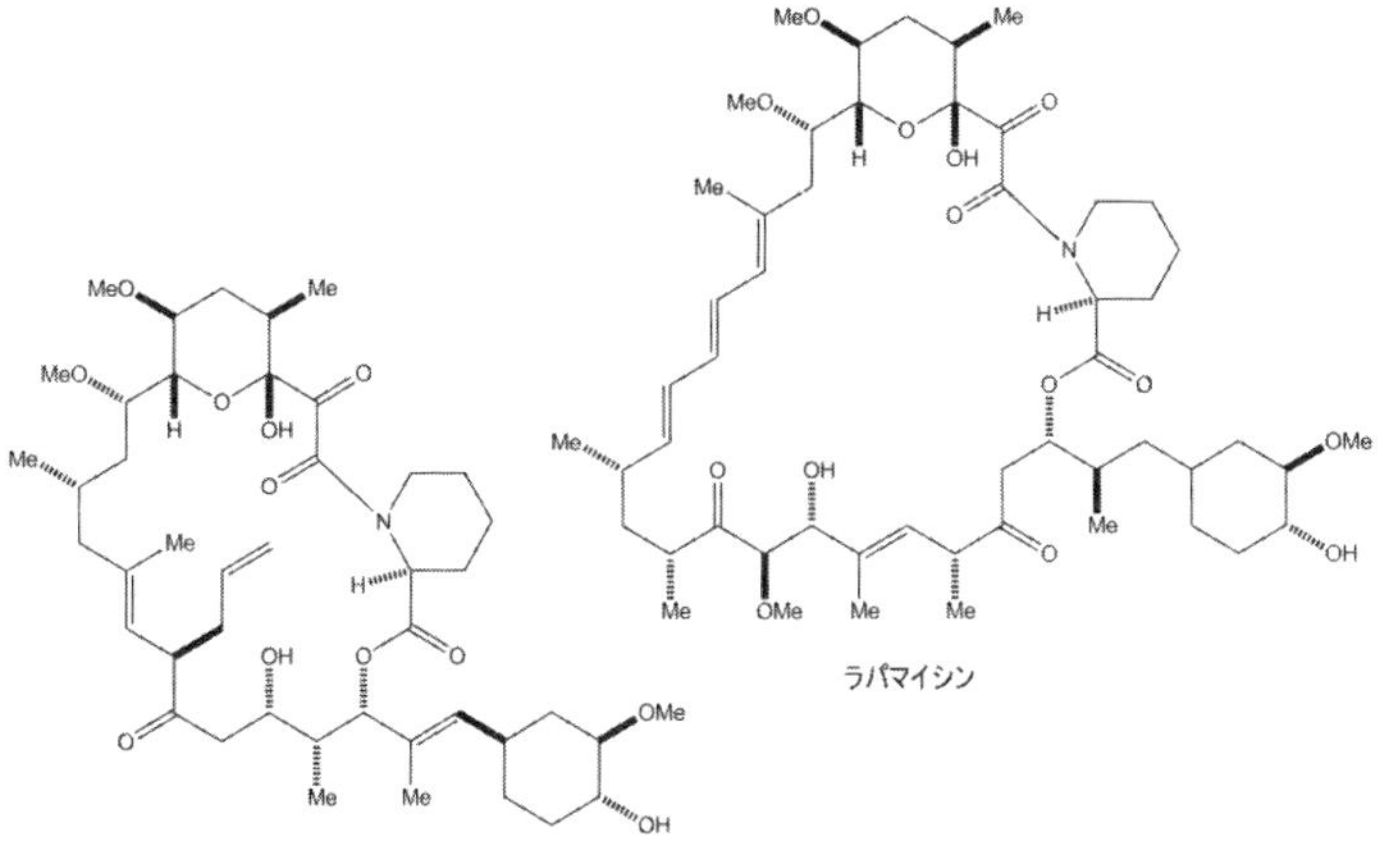

図 5.1　タクロリムス（FK506）とラパマイシン。共通構造を見つけよう。

はイースター島の土壌中に存在する放線菌から見つかり抗真菌作用、免疫抑制作用が見出されていました。興味深いことにラパマイシンもＦＫＢＰに結合しもう一つのタンパク質、ラパマイシン標的タンパク質（ＴＯＲ）とともに三成分複合体を形成することで抗真菌作用を示します。

　タクロリムスとラパマイシンの構造を並べてみるとその構造には共通部分があります（図５・１）。この共通構造がＦＫＢＰの結合部位で他の構造が別のタンパク質と相互作用し、それぞれの薬剤に異なる生理活性をもたらしています。この研究をきっかけにタクロリムス、ラパマイシンをケミカルツールとしてこれらの類縁体が関わる生命反応の機構が明らかにされ、ケミカルバイオロジーという分野の創成につながりました[34]。

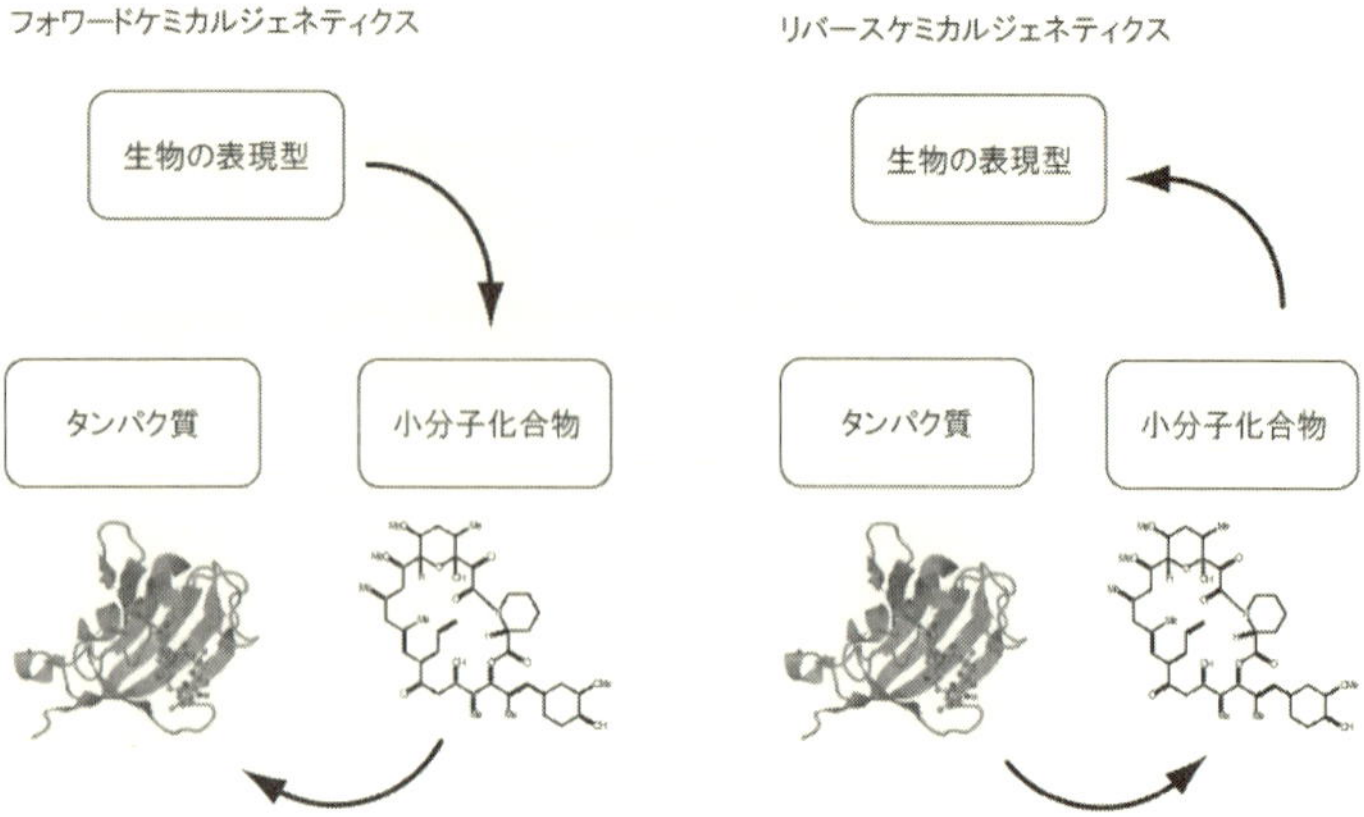

図 5.2　フォーワードケミカルジェネティクスとリバースケミカルジェネティクス

リバースケミカルジェネティクス

リバースケミカルジェネティクスはリバースジェノミクス（逆遺伝学）の方法論に基づいて進められます。リバースジェネティクスは注目する遺伝子についてこれに変異を施す、あるいはRNAiなどを用いて遺伝子の発現をノックダウンしたときに生ずる生物表現型の観察からその遺伝子の機能を特定するものです。一方リバースケミカルジェネティクスは、遺伝子の産物であるタンパク質に注目し、これが相互作用を持つ化合物群（ライブラリー）の探索を行います。ヒットした化合物をケミカルプローブとして、これがもたらす生物表現型の変化をもとに注目したタンパク質の機能を特定していくものです（図5・2）。

　ケミカルジェネティクスではフォーワードでもリバースでも、たとえタンパク質を生成する遺伝子が複数あったとしても同一のタンパク質であれば化合物‐タンパク質‐生物表現型の線を結ぶことができます。先に述べたコンビナトリアルライブラリーから化合物のスクリーニングを行い、ヒットが出れば、設計に基づいて合成された化合物群と特定のタンパク質との相互作用、生物表現型を体系的に結びつけることが可能になります。

化合物ライブラリーに対して生物表現型を通したスクリーニングを行うにあたり、蛍光プローブを用いて細胞内カルシウムの量を定量化する方法、あるいは注目する遺伝子発現産物をルシフェラーゼ、β‐ガラクトシダーゼの発現に置き換えて観測するリポータージーンアッセイが広く用いられてきました。フォーワードケミカルジェノミクスと結びついて特に重要な役割を担い発達してきた技術として蛍光イメージングによる可視化が挙げられます。蛍光イメージングでは遺伝子組み換えで細部内プローブとして導入できる蛍光性タンパク質をリポーターとして、化合物群と特定のタンパク質との相互作用を探索する方法が急速に発達しました。九六ウェルプレート、三八四ウェルプレート上に並べた化合物ライブラリーの同じ細胞に対する表現型を色画像と

図5.3　96ウェルプレート（左2枚）と、384ウェルプレート（右2枚）

して記録し、活性のあった化合物をハイスループットスクリーニング（ＨＴＳ）によりピックアップすることができるようになっています（図５・３）。

ケミカルジェノミクス

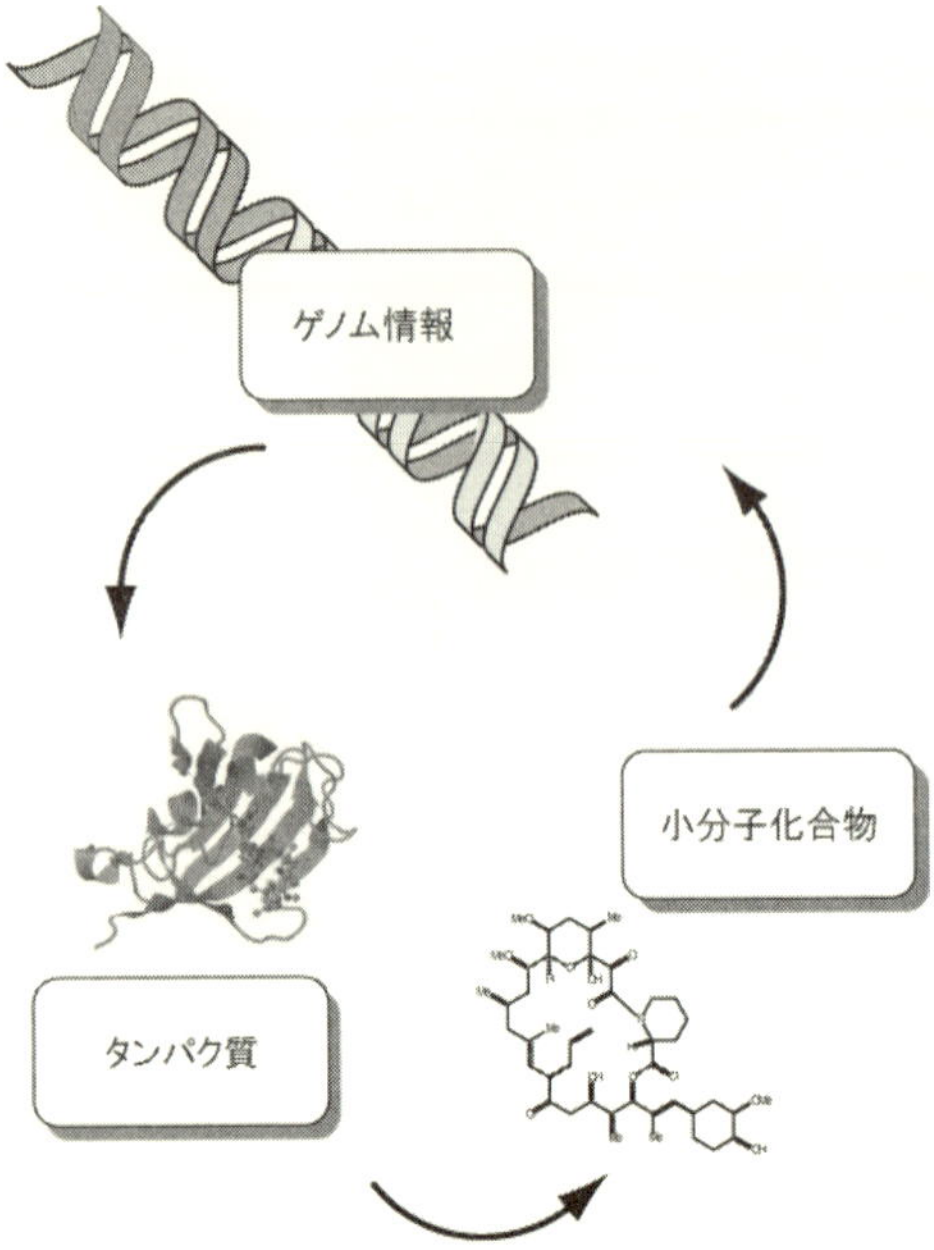

図 5.4　ゲノム→タンパク質→化合物→ゲノム？　ゲノム情報からそれに対応する化合物情報を特定するにはまだ至っていない。

ケミカルジェノミクスは「すべての遺伝子産物、すなわちタンパク質に対して、それに結合可能（認識可能）な化合物を合成、獲得することができる。」という考え方に基づいています。化合物とタンパク質の相互作用、それのもたらす生物表現型が特定されれば、この情報の体系をもう一段高いレベルに持ち上げることが可能です。結果的にゲノムとそれと作用する化合物の関係が明らかになります。逆から見れば原理的にはゲノム情報に基づいた化合物の特定ができ、個人のゲノム情報に基づいた薬剤の特定も可能でしょう。理論的には一つの化合物につき一つの遺伝情報を割り当てることになりますから、このゲノム創薬といわれる方法論は一見とても画期的に見えます（図５・４）。しかしながら、ここ一〇年間でゲノム創薬に基づいた新薬の開発効率が目に見えて向上しているわけではないのです。コンビナトリアルケミストリーにより「化合物群」を合成する技術は進歩しましたが、「作りやすい化合物群」と「求められる化合物群」の間にはいくばくかの乖離があります。

ヒトゲノムプロジェクトが完了し、ノックアウトジーンなどの実験方法によりゲノミクスのほうからターゲットとなる遺伝子は多数特定されていますが、これに要求される質と量を兼ね備えた化合物ライブラリーの整備が十分には追いついていないのが現状のようで、世界中の製薬会社から新薬が出難くなっている背景は創薬が今まさに「理想と現実」に直面しているということかもしれません。

第二節　ケミカルバイオテクノロジー
―ケミカルバイオロジーの医薬への拡張―

翻訳システムの拡張による特殊ペプチドのプログラミング合成

細胞内において合成されるタンパク質のアミノ酸の配列情報はＤＮＡに蓄えられていて、これがＲＮＡに転写されたのちに遺伝情報の編集がなされ、リボゾームを介してポリペプチド、タンパク質へと翻訳されます。これは生命体に共通の仕組みでありセントラルドグマと呼ばれています。この仕組みを利用して二一番目のアミノ酸、すなわち天然に存在する二〇種類のアミノ酸以外の非天然アミノ酸を含むポリペプチドを合成しようという試みがなされてきました。これが実現すると天然のタンパク質にはない新たな機能を付与できる可能性が生まれます。また、天然にも通常とは異なる特殊なアミノ酸を含むポリペプチドはいくつか発見されており、これらが生理活性を持つ場合もあることから特殊アミノ酸を含むポリペプチドの合成と探索は創薬面からも期待が持たれています。

特殊アミノ酸を含むポリペプチドはその配列と構造が決まれば化学合成によって獲得することは可能です。少量多種の特殊アミノ酸を含むペプチドを獲得するためにはリボゾームを利用した翻訳合成が有効です。しかし、天然のアミノ酸はこれを認識するアミノアシルｔＲＮＡの合成酵素が極めて高いアミノ酸選択性を持つため、いかにして非天然型のアミノ酸をｔＲＮＡに持たせるかということが課題になっていました。

一九八三年には非天然型のアミノ酸を持つｔＲＮＡが化学合成されています(35)。その後ＲＮＡリガーゼを用いる酵素触媒反応でもｔＲＮＡに非天然アミノ酸を付加できることが示され、大腸菌のリボゾームを用いて非天然型アミノ酸を含むジペプチドの合成に成功します。一九八九年にはこの

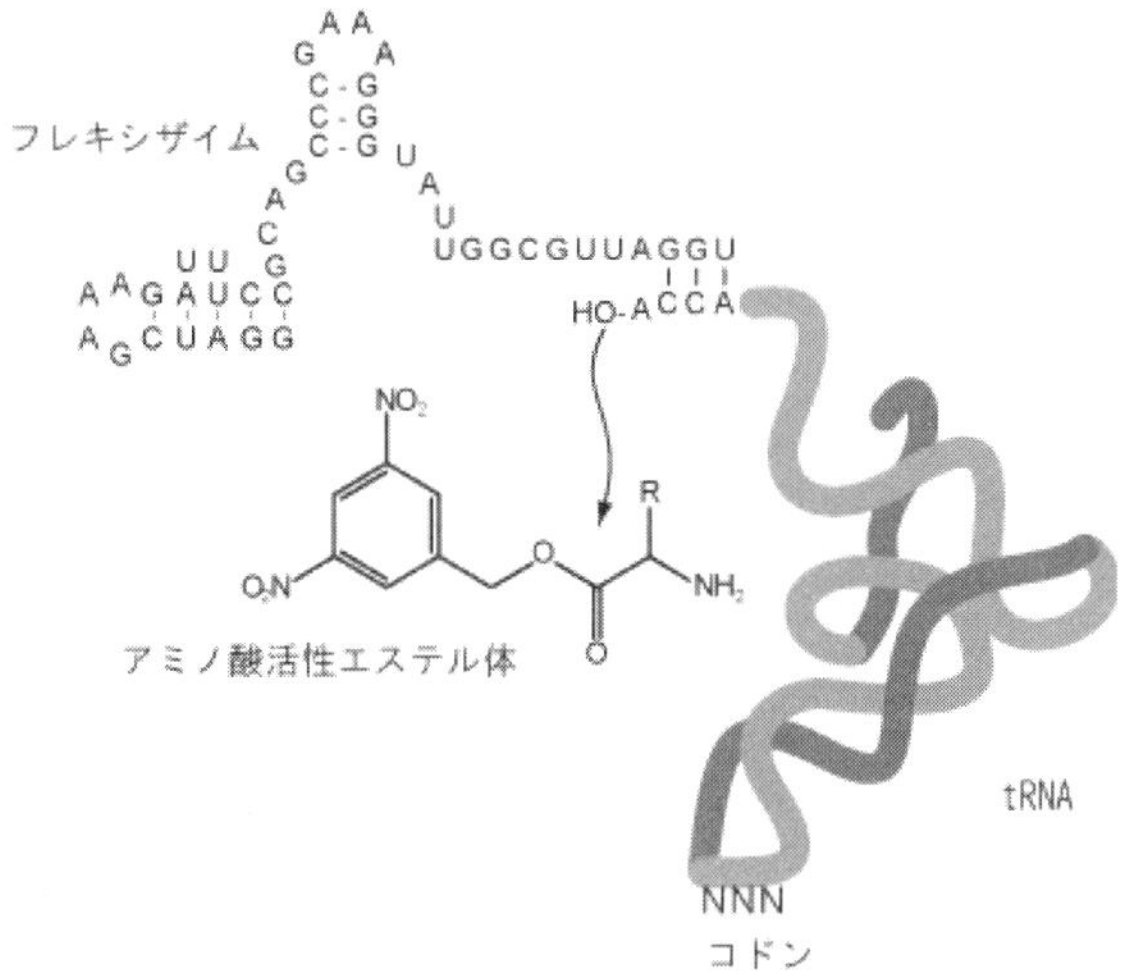

図 5.5　フレキシザイム。非天然アミノ酸でも tRNA に繋ぐことができる。

方法の応用で、終止コドンを利用して非天然アミノ酸を部位特異的に導入した酵素、β-ラクタマーゼの翻訳合成に成功しています[36]。その後一九九九年には四塩基コドンを採用することでコドンの選択性が強化されることが示されました[37]。

　これらの方法では非天然のアミノ酸を含むポリペプチドを合成はできたものの、天然のアミノ酸も同じｔＲＮＡに取り込まれるため、少なからず不純物として天然のアミノ酸を含むポリペプチドも合成されてしまいます。さらに翻訳合成の自由度を拡張するためには越えなければならない障壁がもう一つありました。それは、翻訳開始コドンの書き換えです。天然の翻訳系によるタンパク質合成では必ずα位のアミノ基がホルミル化されたメチオニンから始まりますから、課題となるのはいかにして開始コドンにメチオニン以外のアミノ酸を導入するかということになります。

この問題を解決したのが試験管内分子進化法（ＳＥＬＥＸ[38]）でした。天然、非天然に関わらず任意のアミノ酸、さらにはヒドロオキシ酸に至るまでをｔＲＮＡに割り当てることができるＲＮＡの触媒、リボザイムを獲得することに成功しフレキシザイムと名づけられました[39]（図５・５）。このフレキシザイムはｔＲＮＡの3’末端CCA配列を相補的に認識して結合するため、終止コドン、開始コドンを問わず任意のｔＲＮＡにアシル転移反応によって非天然あるいは特殊なアミノ酸を導入することができます。無細胞リボソーム翻訳合成系[40]から特定のアミノ酸を抜き出し、これらに替えてフレキシザイムを利用した任意の非天然アミノ酸と結合したアミノアシルｔＲＮＡを翻訳系に加えてやると、ｍＲＮＡにコードされた非天然アミノ酸を含む任意のペプチドを合成することができます。すなわち、従来の遺伝コードを完全にキャンセルし、ポリペプチドの翻訳合成をリプログラミングすることが可能になりました。非天然型のアミノ酸を含むポリペプチドは細胞膜透過性の向上、ペプチド分解酵素に対する耐性などを含めて医薬への応用が期待されています。また、ポリペプチドのみならずポリエステルの合成にも成功していてリボソーム翻訳系を利用した新素材のスクリーニングにも応用できそうです。

RNAi、天然にも存在したケミカルジーンサイレンサー

二〇〇六年にはRNAiがノーベル生理学・医学賞の受賞対象となり新たな遺伝子療法として注目されています[41]。二本鎖のRNAを人工的に細胞内に導入するとダイサーと呼ばれるタンパク質がこれを二〇塩基対程度の二本鎖RNAに切り分けます。これとスライサーと呼ばれるタンパク質を含むRNA-タンパク質複合体（RISC）が形成されます。RISCは二本鎖RNAの片方をはがし、もう片方を保持しながらこれと相補的に結合するmRNAと結合します。次いでスライサーと呼ばれる酵素がこのmRNAを切断します。結果的に標的とした遺伝子の発現を停止することができます。この方法を利用して注目する遺伝子をmRNAの段階で破壊します。するとこの遺伝子の機能がみえてきます。ジーンサイレンシングによって遺伝子から合成されるタンパク質の機能を同定するリバースジェノミクスという研究手法が発達しました。また、がんなど遺伝子が関わる疾患の治療など医薬面からも期待を集めています。

アプタマー医薬

RNAiとは異なるRNA医薬としてアプタマー医薬を挙げることができます。アプタマーはラテン語のaptusに由来し、英語のfitにあたる言葉です。特定の化学物質、タンパク質などの標的に特異的に結合できるRNA断片のことで、すでに実用段階に入っている抗体より広い面を識別するためより精密な分子認識が期待できます。疾患の原因となるタンパク質に対する新種の阻害剤とし

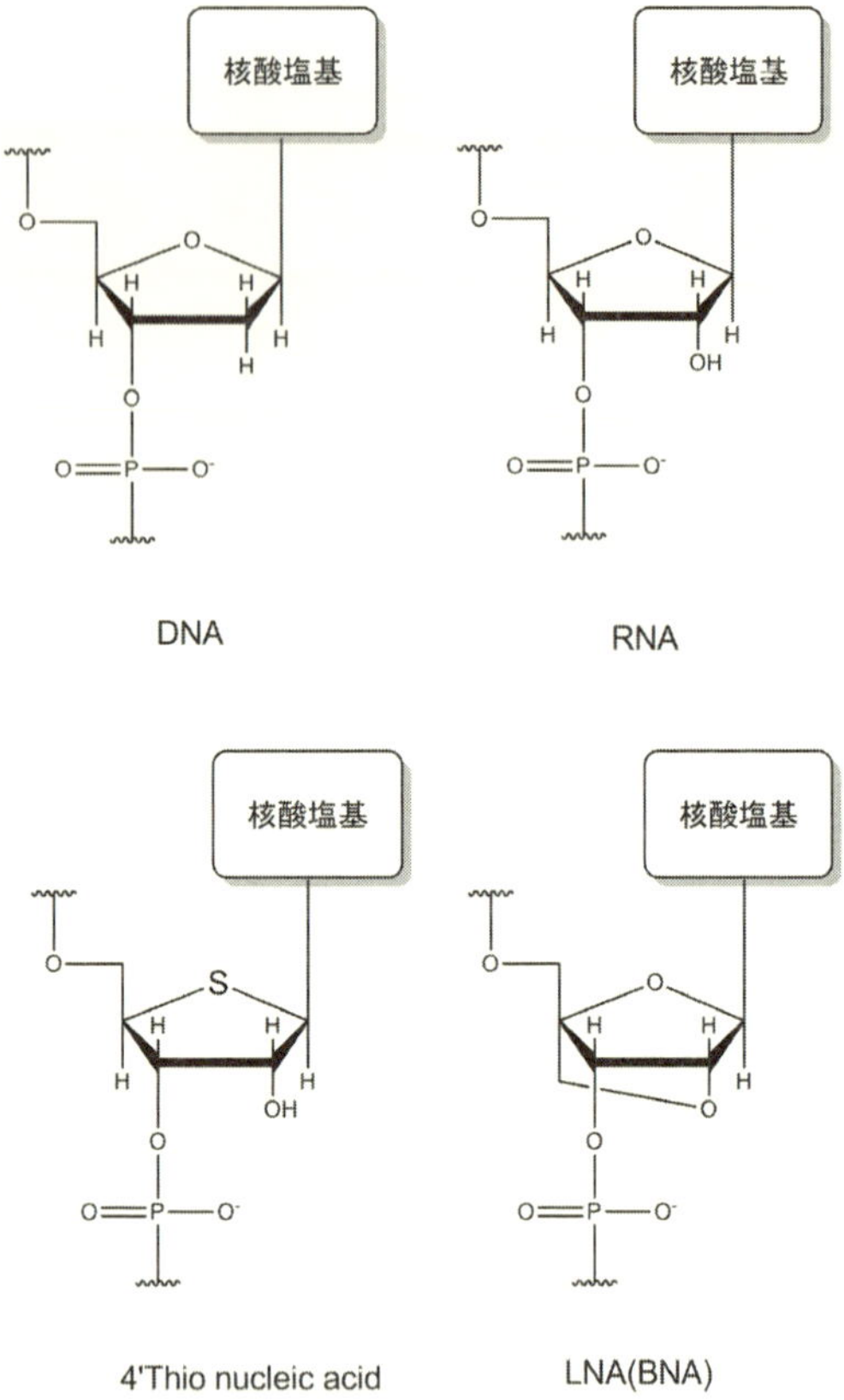

図 5.6　DNA、RNA、ヌクレアーゼ耐性を待たせた人工核酸、4 チオ核酸と 2'–4' 架橋核酸、Locked nucleic acid（LNA）または Bridged nucleic acid（BNA）と呼ばれている。

て製薬会社ではすでに実用に向けて開発が進められています。アプタマーはリボザイムなどと同様に試験管内分子進化法により探索することが可能で、ひとたびそれが特定されＲＮＡの配列が決定されれば自動合成機により大量合成することも可能なので、この点では抗体医薬に勝ります。しかし、細胞中にはＲＮＡを分解する酵素、リボヌクレアーゼが存在するため通常のＲＮＡは直ちに分解されてしまいます。そこでＲＮＡ分解酵素によっては認識されないようアプタマーＲＮＡを構成するヌクレオシドに工夫が施されたものが開発されています。たとえば、リボース骨格の酸素を硫黄で置換した4'チオ核酸はヌクレアーゼ耐性を持ち細胞内で機能する前に分解されることがありません。また、2'-4'で架橋されたリボースもヌクレアーゼ耐性を持ちます（図５・６）。さらに、アプタマーは標的分子に対する結合阻害剤だけでなく薬剤を標的まで送り届けるドラッグデリバリーでも期待されています。

必要な薬剤にアプタマーのタグをつけることで標的の遺伝子に対して一般的な拡散送達より特異的に到達するため、より少ない投薬量で効力を発することが期待でき、過剰投与による副作用が軽減できそうです。抗体医薬がやや先行していますが抗体医薬が生合成であるために精製に手間がかかるのに対し、アプタマー薬剤は抗体よりその分子量もはるかに小さくすべて化学合成できる利点があります。

第六章　ケミカルバイオロジーの計算化学との融合、そして新たな生物学

第一節　データベースによる研究支援

ゲノム解析の急速な進行に伴い、これに対するデータベースの蓄積も急速に進んできています。ゲノムはGenBank[42]に、これまでに同定されている遺伝子の塩基配列が世界中の研究機関から登録されていてその数は指数関数的に増えているといわれます。タンパク質の三次元構造はＰＤＢ[43]に蓄積されていて、ＰＤＢはタンパク質のみならずＲＮＡなど核酸の構造も含んだデータベースです。これら生体分子由来の生命情報を扱うバイオインフォマティクスに対し、小分子化合物の構造的な類似性、物性、生理活性、タンパク質あるいは遺伝子など生体分子との結合親和性などのデータベースを扱うのがケムインフォマティクスで、ＮＣＢＩによって運営されているPubChem[44]、ハーバード大学とＭＩＴが運営するChemBank[45]が存在しています。特にChemBankはケミカルバイオロジーのデータバンクといってもよく、名称、構造式による検索のみならず構造類似性、生理活性あるいは薬理活性とそのスクリーニング例、スクリーニングに関するプロジェクト一覧など、注目した化合物の様々な情報とその検索が網羅されています。

これら以外にもゲノム、プロテオーム、メタボロームを総合的に組み合わせた検索エンジンも存在し、研究支援ツールとして広く使われています。ＫＥＧＧ[46]にはタンパク質とそれをコードした遺伝子情報、そのタンパク質に結合するリガンドの情報が組み合わされており、ＢＲＥＮＤＡ[47]には主として酵素とその遺伝子情報、基質とその反応などの組み合わせが網羅されています。たとえば「加水分解反応」に注目しこれに関わる基質を特定すればこれに関わる酵素、その起源などを検索することができます。これらのデータベースはいずれもインターネット環境にあるパソコンから誰でも閲覧することができます。

第二節　コンピューテーショナルケミストリー（計算化学）との融合

計算化学を実験化学と積極的に融合させて研究開発を進める手法も進んでいます。すべての仮定に実験で結論を導こうとすると膨大な時間と費用がかかることになります。そこで計算化学で予測できることは計算機ですませようというものです。コンピューターのハード、ソフトウエアの初期投資は必要ですが化学合成、分子生物学実験に対する継続的な投資を考えれば圧倒的な経費削減につながり、すでに製薬会社ではコンピューター上で標的タンパク質と仮想的な薬剤候補とのドッキングスタディー（結合実験）などのバーチャルスクリーニングとして採用され実用されています。薬剤など目的の化合物にたどり着くまでのすべての仮定をバーチャルスクリーニングにゆだねることはできませんが、薬剤の候補を絞り込むには有効です。次にバーチャルスクリーニングを試験管内分子進化法に応用した例を紹介しておきます。

リボスイッチはＲＮＡが携わる生命調整の仕組みとして発見されましたが、試験管内分子進化法

（ＳＥＬＥＸ、第五章第二節参照）により特定の分子と結合し、さらにはこれを利用した分子検出センサーの創成がなされています。ランダム配列を含むＲＮＡ構造体から目的のリガンドに高い特異性を持ったＲＮＡアプタマーをスクリーニングする際に、条件に適ったＲＮＡの構造を選別する過程をコンピューター上のシミュレーションとして行います。

ハンマーヘッドリボザイムは特定の構造的制限を満たしたとき、自己触媒として働き自身のＲＮＡ配列の一部を切断します。これにテオフィリンアプタマー（テオフィリンを特異的に結合するＲＮＡ）を組み合わせ、これをリボスイッチとしてＲＮＡでできたテオフィリンセンサーを構築します。テオフィリンは茶葉に含まれる苦みの成分でカフェインによく似ていますが気管支の平滑筋を拡張する作用が顕著で呼吸系疾患の治療薬としても市販されています。ハンマーヘッドリボザイムとテオフィリンアプタマーをランダム配列で繋ぎテオフィリンを結合していないときの構造が触媒活性（オン）で自身を切断することができます。テオフィリンを結合しているときの構造は触媒不活性（オフ）で自身を切断することができません。

このオンとオフの構造をモチーフに次に示すアルゴリズムでバーチャルスクリーニングを施します（図６・１）。（１-１）Ｎ表示の部分にはＡ、Ｃ、Ｇ、Ｕのリボヌクレオチドをランダムに配置します。（１-２）得られた構造体の三七℃における自由エネルギー変化を計算しておき、期待する構造へより折りたたまれやすいＲＮＡ配列を選択します。（１-３）Ⅲのステム構造を含みリボザイム活性オンのものは次の段階へ進めます。（１-４）Ⅳの閉じた構造を含みリボザイム活性オフのもの

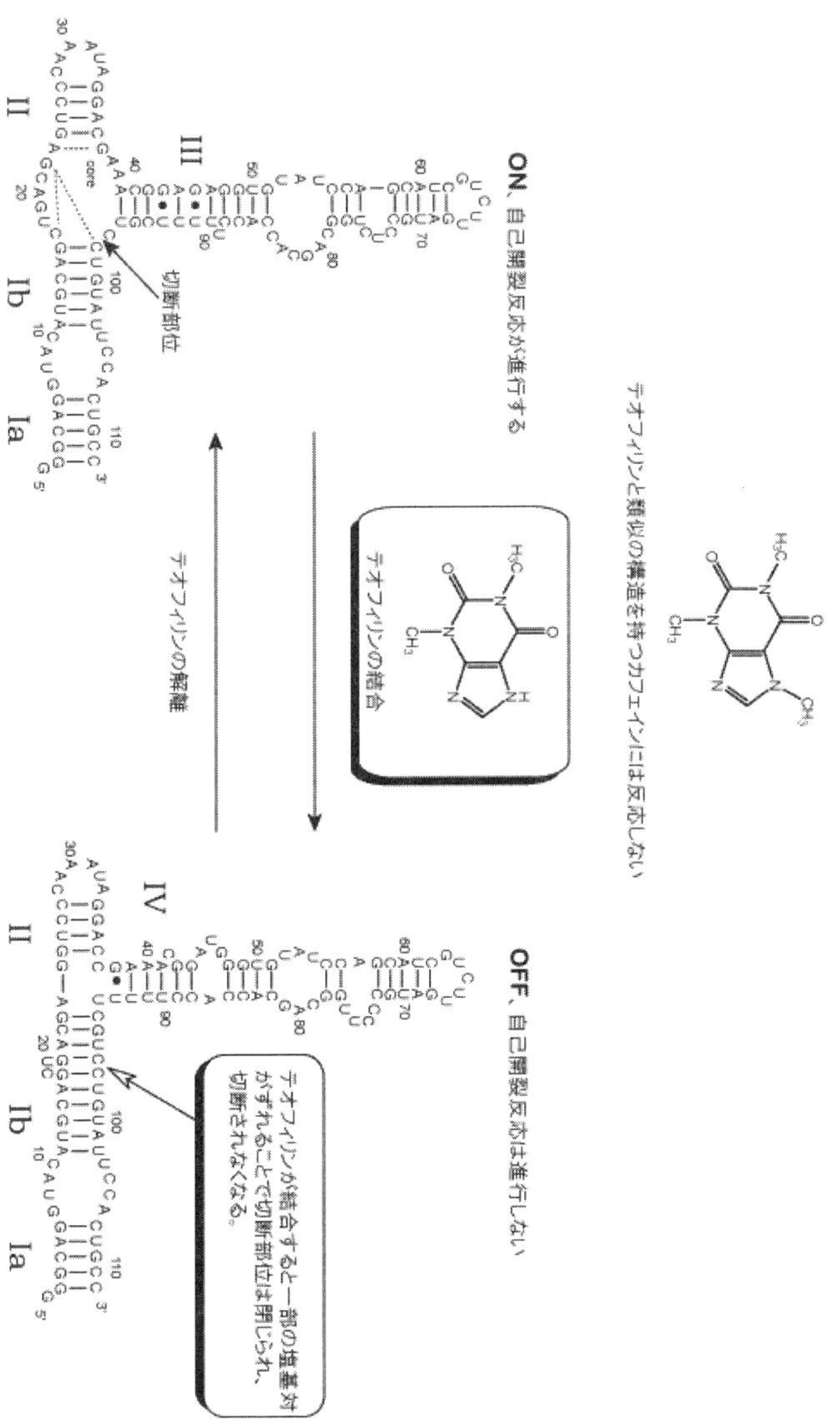

図6.1　試験管内分子進化法によるテオフィリンを検出するリボザイムセンサーを獲得するアルゴリズム

は次の段階へ進めます。この段階でオンとオフ、両方の構造体が許される配列が選択されています。（1-5）この時点で選択された一つの配列についてⅢとⅣを含む構造体の存在確率を比較したときⅣが主で二〇%を超えていたらその配列を捨てて振り出しに戻ります。第二段階では、一連のアルゴリズムで選ばれた配列についてさらに何塩基かをランダマイズし同様のアルゴリズムを進めます、ただし、（2-4）ではⅣが一〇%を超えていたら振り出し（2-1）に戻します。

このバーチャルスクリーニングによって得られた自己切断リボザイムはテオフィリン存在下でその自己切断効率が三〇%にまで低下します。また、このリボザイムはテオフィリンと構造の類似したカフェインには応答しません。こうしてテオフィリンを指紋認証するリボスイッチのオフが達成されました。同様のバーチャルスクリーニングのアルゴリズムで四つの核酸塩基のうちグアニンだけを検知するリボザイムセンサーの獲得にも成功しています。このリボザイムセンサーをビーズに固定化し、切断される基質を蛍光プローブで標識することで検出ディスプレーを視覚化することができました。コンピューターによるＲＮＡの二次構造計算を利用したＳＥＬＥＸは従来の実験を軸にしたスクリーニングに比べ格段にその作業を短縮化しています(49)。すでにいくつものリボスイッチ、リボザイムが発見されており（第四章第三節「リボザイムの発見」、第四章第二節「リボスイッチ」の項を参照）、特定の低分子化合物を検知するリボザイム型バイオセンサーは抗菌活性を持った低分子化合物の探索など実用面でも期待されています。

第三節　システムバイオロジー

古典的にはケミストリーが分子、原子を、バイオロジーが細胞、組織あるいは個体を主たる研究対象としてきたのに対し、生命全体を一つの制御システムとして理解しようという考え方がシステムバイオロジー(50)として発展してきています。システムバイオロジーはコンピューターサイエンスを軸にして生命体の環境適応能と制御理論、進化と発達などを統合的かつ網羅的に扱う研究手法でシステオームと呼ばれており、生命情報としてのデータベース、構造情報を扱う分子動力学などのシミュレーション、探索手段の開発を扱うバイオインフォマティクスとは本質的に異なります。ゲノムが遺伝子、プロテオームがタンパク質、トランスクリプトームが一次転写産物（ｍＲＮＡ）、メタボロームが代謝産物といずれも物質を研究対象としているのに対し、システオームは薬物投与など環境刺激、遺伝子変異などに応答するシステムの構造とその変化、動的な状態空間という情報の関わりを扱うことにその特徴があります。

システムバイオロジーの関心事の一つとして生命のロバストネス（頑健性）があげられます。これは生命体のそれをとりまく環境の変動、あるいは個体内（細胞内）の変動に柔軟に適応する能力のことで、生命に最も特徴的な制御システムとして注目され研究されています。生命の制御システムのシミュレーションを軸にしているとはいえ、特に発現遺伝子の同定など遺伝子発現動態など実験に基づく情報を取得することが必要になります。二〇〇〇年に東京で開催されて以来、システムバイオロジーの国際会議が毎年開催されています。二〇一二年の大会では研究発表の項目として「ケミカルバイオロジー」、「シンセティックバイオロジー」（後述）が挙げられており、実験化学との融合、情報交換が模索されているようです。

第四節　システムスケミストリー

従来の化学では単離精製された純物質を取り扱うというのが常識で関心事でした。しかし、複雑系である生命を理解するという目的に立ったとき、単離された分子だけを扱うことで理解できることはあまりにも少ないという現実に気づかされます。そもそも生命活動そのものが複数の分子と化学種が織りなす多成分系の化学反応だからです。今日では分光学をはじめとする実験手法の発達の後押しを受けて逆転の発想が生まれました。こと生命系を理解しようとするとき、複雑に入り乱れる分子系を分離することなく混合系として扱うことのほうがより現実的であると、またそのことで単一分子の観測からは理解できない多くの情報が引き出されることがわかってきました。そして複数の分子が同時進行で関わりあうネットワークの原理を探り当てる化学としてシステムスケミストリーが登場しました。

システムスケミストリーは分子のネットワークや複雑なシステムを扱い、二つの疑問に答えようとしています。一つは原始地球の混沌とした世界にいかに分子のネットワークが形成されたのか？もう一つはいかに集まった分子が自己集合と離散を繰り返し、複雑な構造体が形成されていったか？　その答えに近づくかもしれない実験がなされました。

クラウンエーテルがイオンキャリアーとして働き有機溶媒を介したイオンの輸送を可能にしていることは先に述べました（図２・１参照）。完成されたクラウンエーテルに換え、ダイナミックコンビナトリアルケミストリーの手法を用いてクラウンエーテルの構成成分とカルシウムイオンの混合物からカルシウムイオンをテンプレートとしてクラウンエーテル様の環状化合物が導かれ、さらにはカルシウムイオンの輸送が達成されました。ダイナミックコンビナトリアルケミストリーは会合と解離の平衡状態にある分子、化学種の混合物から、溶媒環境など、ある条件下で最安定な結合体が混合物として導かれる合成方法です。ジアミン(1)は水相に溶けますが有機相には溶けません。一方ジアルデヒド(2)は有機相には溶けますが水相には溶けません。そこで試験管の水相にジアミン（1）を有機相にジアルデヒド(2)を等量含む状態で一週間放置しておくと、有機相にジアミン(1)とジアルデヒド(2)が出会った結果できる様々な縮合体の混合物が得られます。また、水相にカルシウムイオンが存在するとこの相だけにカルシウムイオンを含むクラウンエーテル状の環状化合物(3)が収率六二〜六五％で得られました。

U字管の水相(a)にはジアミン(1)と二価のカルシウムイオンを等量入れ、これらと等量のジアルデヒド(2)を二つの水相に挟まれたジクロロメタン（有機相(b)）に入れておきます。水相(c)には初

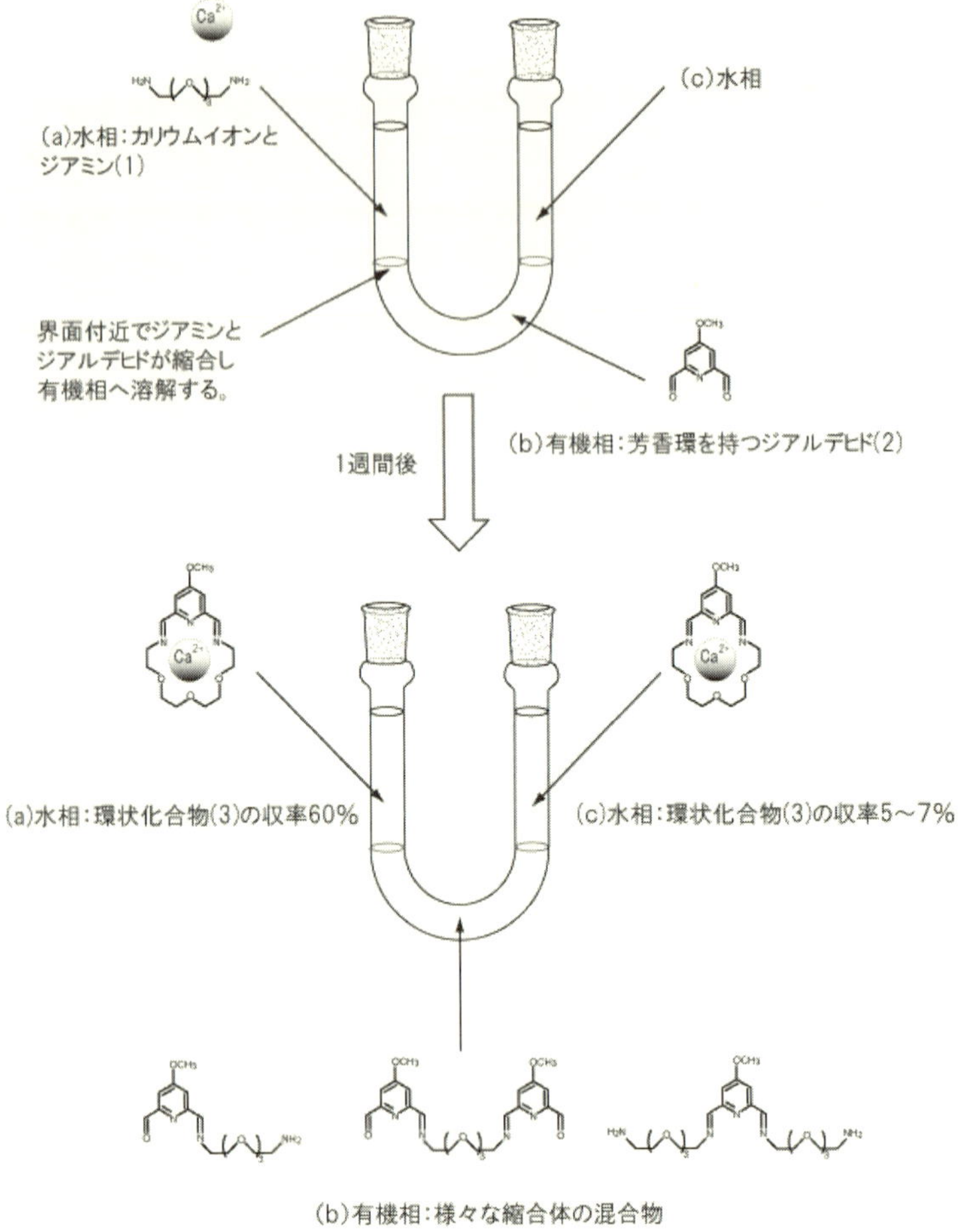

図 6.2　動的コンビナトリアルライブラリー（Dynamic Combinatorial Library, DCL）

期状態では何もありません。そして一週間後にそれぞれの相に存在する成分を調べると、水相(a)にはカルシウムイオンを含む環状化合物(3)が収率六〇%でできていました。有機相には様々な縮合体の混合物、そして水相(c)にはカルシウムイオンを含む環状化合物(3)が五〜七%の収率で含まれていました（図6・2）。これらの結果はカルシウムイオンがテンプレートになり特定の環状化合物が水相と有機相の界面で再現よく合成され、さらにそれ単体では輸送されない金属イオンが環状化合物をキャリアーとして有機相を移動していることが示されています[50]。

生命体にもRNAやタンパク質など金属のイオンが構造の安定化を担っているものが多く存在しています。右記の水相と有機相を介してなされたカルシウムイオンをテンプレートとするクラウンエーテル状の化合物の合成実験の例は、プレ生命期に存在していたであろう、ヌクレオシド様、あるいはアミノ酸様の分子群からいかにしてRNAやタンパク質のような再現可能な生体高分子が生まれたか、ヒントを与えているかも知れません。今後、システムスケミストリーは生命起源の化学反応を解き明かす新たな方法論としてのみならず、新規な物質生産の合理的な方法論としても発達していくことでしょう。

第五節　シンセティックバイオロジー（合成生物学）

シンセティックバイオロジー、合成生物学と聞いてあなたは何を思い浮かべますか？　人工的に新たな生命体を作り上げること？　でもそれはそんなに簡単ではありません。生命体はたとえ単細胞でも人工的に構築するにはかなり複雑でまだ人類の理解を越えています。そんな中二〇一二年にアメリカ化学会（ＡＣＳ）から、ACS Synthetic Biologyという論文誌が刊行されています。アメリカ化学会なのに「化学」という言葉が入っていない論文誌、ちょっと驚きですか？　その創刊号の巻頭にこの論文誌が取り扱っていこうとする科学の分野が示されています。一部紹介すると、遺伝のプログラミング、生命分子のエンジニアリング、代謝のエンジニアリング、上記の計算科学支援によるデザイン、システムバイオロジー、人工生命、などなど盛りだくさんですが、シンセティックバイオロジーには現在のところ、①すでにわかっている生命機能を組み合わせて新たな制御の仕組みを構築しようとする。②生命の起源を実験的に再現する。という二つの潮流があるようです。

既知の生命機能を人工的に組み合わせた新たな機能創成

バクテリアは自身が生産する化学物質を用いて互に信号を伝達するものがあります。病原細菌の中には宿主に十分な抵抗力があるうちには低密度でひっそり生息し、宿主の抵抗力が弱ると増殖して宿主をさらに弱らせるべく毒素などの代謝物を生産するものがいます。このとき用いられているのがクオラムセンシングです。バクテリアの生息数が少ない段階ではその代謝物質は拡散して細胞内外とも低濃度が保たれていますが、ある一定数のバクテリアに増殖することでその代謝物質の濃度が増大するとこれが特定の遺伝子発現を誘起し、それがもとになってまた別の代謝物質を生産する機能です。この原理を利用して遺伝子回路を構築する試みがなされています。これまでにもリボスイッチなどを用いて細胞内における遺伝子回路を構築する試みはなされてきましたが、ここへきて遺伝子発現系とこれによる代謝物質の生産、放出された代謝物質の細胞間のセンシングを用い、細胞間を代謝物質の電線で結ぶ回路設計へと発展してきました。

細菌、*pseudomonas putida* mt-2 はトルエンを代謝して安息香酸を生産します。生成物である安息香酸はその後複数段階の反応を経由してクエン酸回路に組み込まれますが、安息香酸の一部は細胞外へと放出され拡散していきます。一方、*pseudomonas putida* KT Pc::lux は安息香酸を代謝しシス、シスムコン酸、*β*-ケトアジピン酸を経て最終的にはクエン酸回路の中間体を生じます。この一連の代謝過程で安息香酸を代謝しシス，シスムコン酸、*β*-ケトアジピン酸はそれぞれ転写因子、**BenR, CatR, PcaR** に関わり、さらにこれらの転写因子が三つの酵素、**ben, cat, pca** 対するオペロンに働きかけ最終的には生物発光を誘起します。

この細胞間の信号回路の連結はトルエンに対する代謝機能を持つ *pseudomonas putida* mt-2 と *pseudomonas putida* KT Pc::lux を組み合わせた場合に起き、安息香酸に対する代謝機能を持ちますがトルエンに対する代謝機能を持たない *pseudomonas putida* KT 2400 と *pseudomonas putida* KT Pc::lux の組み合わせでは起こりませんでした。この組み合わせではトルエンをはじめのインプットとして与えても二つの細胞間の信号伝達はなされず、生物発光も観測されませんでした。安息香酸を異なる細胞間の信号伝達を達成する「電線」として利用し、二つの菌株の組み合わせでこの信号伝達の

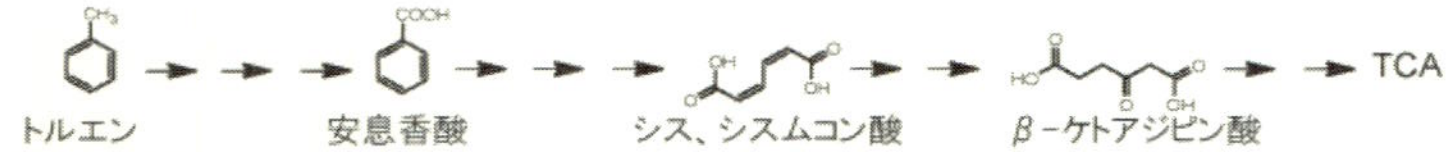

(a) トルエンの代謝経路

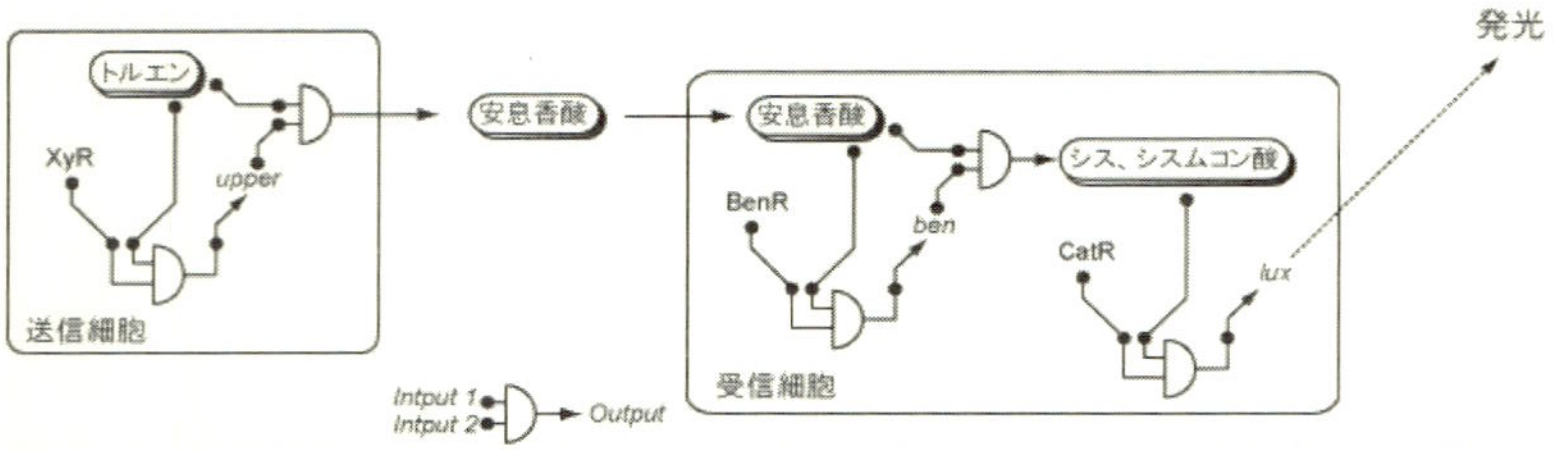

(b) 2つの異なる細胞間の論理上の遺伝子回路。2つの入力(input)で1つの出力(output)が成されるよう設計されている。

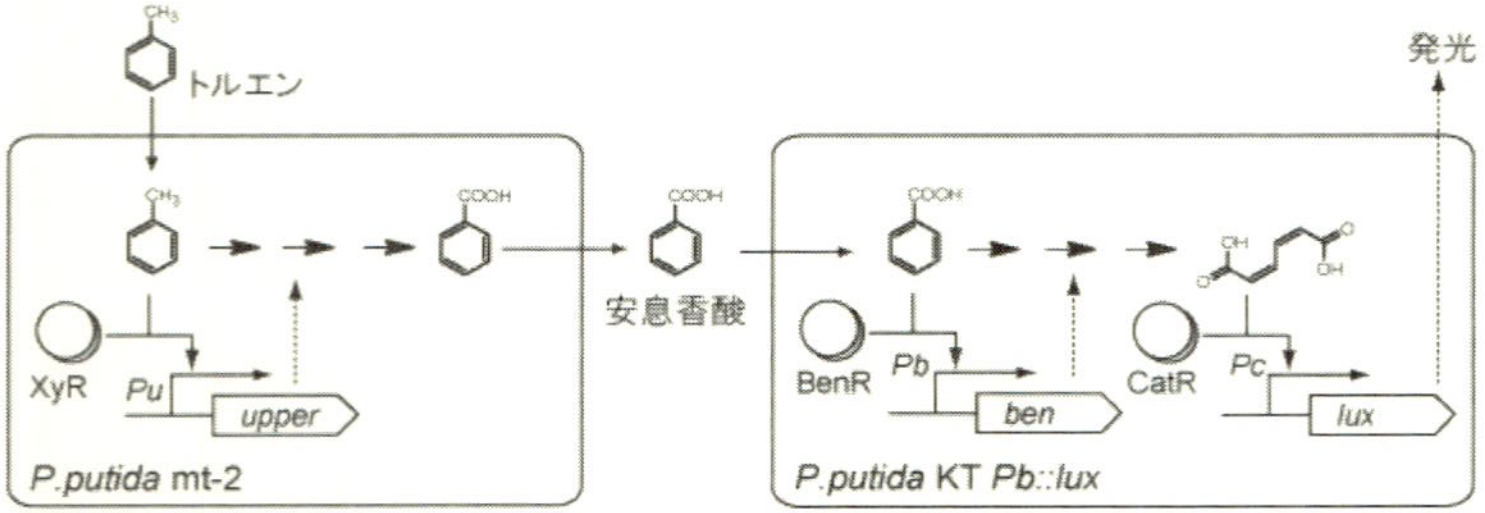

(c) 安息香酸を「電線」として連結されている遺伝子回路

図 6.3　トルエンの代謝経路を「電線」とする遺伝子回路

通信回路を実現しています。この実験で二番目の菌株から拡散される代謝物質を「電線」としてさらに細胞間の信号伝達を伸長していく可能性が示されました[51]（図６・３）。

生命の起源を再現する実験

The RNA world で提唱された仮説、「生命はＲＮＡから始まった。」は当時センセーショナルではありましたが、原始地球で酵素の助けを借りずいかにしてＲＮＡが合成されたかという疑問が残っています。人々がこの仮説自体に疑問を持ち始めていたころ、原始地球に存在していたと思われる簡単な分子、シアナミド、シアノアセチレン、グリセルアルデヒド、グリコールアルデヒドとリン酸の混合物からヌクレオシドが合成されることが証明されました[52]。一般的な通念として複数の成分を出発物質とすると反応の方向が定まらず、生成物の種類は爆発的に増えると考えられていたのですが、条件が備わると特定の生成物が望ましくない方向の反応を抑制し、相乗効果的に目的化合物であるヌクレオシドが合成されたのです（図６・４）。この画期的な実験を通して生命のＲＮＡ根源説はかなり現実味を帯びてきました。遺伝情報を蓄積するポリヌクレオシドが簡単な出発物質の混合物から合成されることも現実的に可能であると思われます。

生命活動そのものを人工的に合成し、生命誕生の仕組みを解き明かそうという試みもなされています。現在の一般的な生命の定義としては、①他と区分できる隔壁（細胞膜）を持ち、②自らを管理し自己複製できる個体、の二点が挙げられています。ジャック・ショスタック（二〇〇九年、ノ

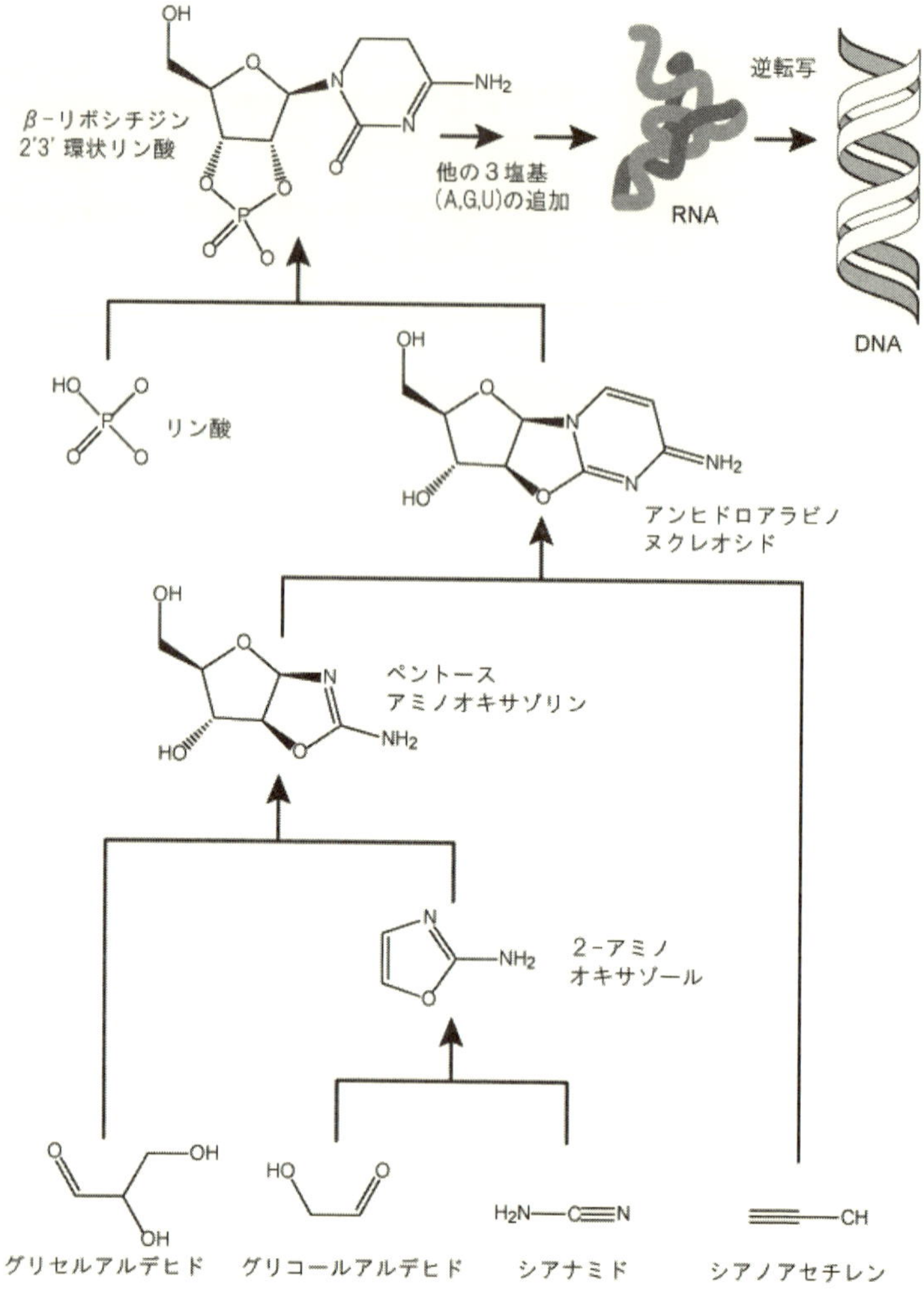

図 6.4　単純な化合物から遺伝子（DNA）までの分子進化

ーベル医学生理学賞）のグループは細胞分裂を人工的に再現しました。隔壁すなわち原始細胞膜を想定してマルチラメラベシクル（多層の脂肪酸からなるリポソーム、第二章第一節「リポソームを用いた模倣細胞膜」の項参照）に脂肪酸をミセルとして与えるとベシクルにミセルが融合して成長し、やがて分裂します。あらかじめベシクル内に封じ込めていたＲＮＡもベシクルの分裂とともに一部移動していることが示されました[53]。生命個体を他と分け隔てる隔壁としての細胞膜と自己複製の一部について人工的に実現したことになります。

次いで実現されるべきは生命情報の自己複製、情報分子であるＲＮＡのベシクル内でのコピーです。ＲＮＡは二価のマグネシウムイオン（Mg^{2+}）が触媒となり、ＲＮＡ自身をテンプレートとしてヌクレオチドが紡がれコピーが達成されることはわかっていました。しかし、高濃度のマグネシウムイオンは脂肪酸と相互作用して沈殿するためベシクルを破壊します。また、ＲＮＡを伸長する反応と同じくらいの効率で分解反応も加速します。

試行錯誤の末、この問題を解決したのはごく単純な化合物であるクエン酸でした。クエン酸は現在の細胞でも代謝経路（クエン酸回路）にも登場しており、古代生命から現在に至るまで多くの生命にとって必須の分子であったと考えられます。クエン酸にはキレート（金属イオンと複合体を形成する）作用があり、マグネシウムイオンを一時的に保持することですでに紡がれたＲＮＡとベシクルを構成する脂肪酸とに近づくことを防ぎますが、このキレート複合体は強固に結びついているわけではないので、ＲＮＡの伸長反応の際にはこのイオンが供給されます。マグネシウムイオンは

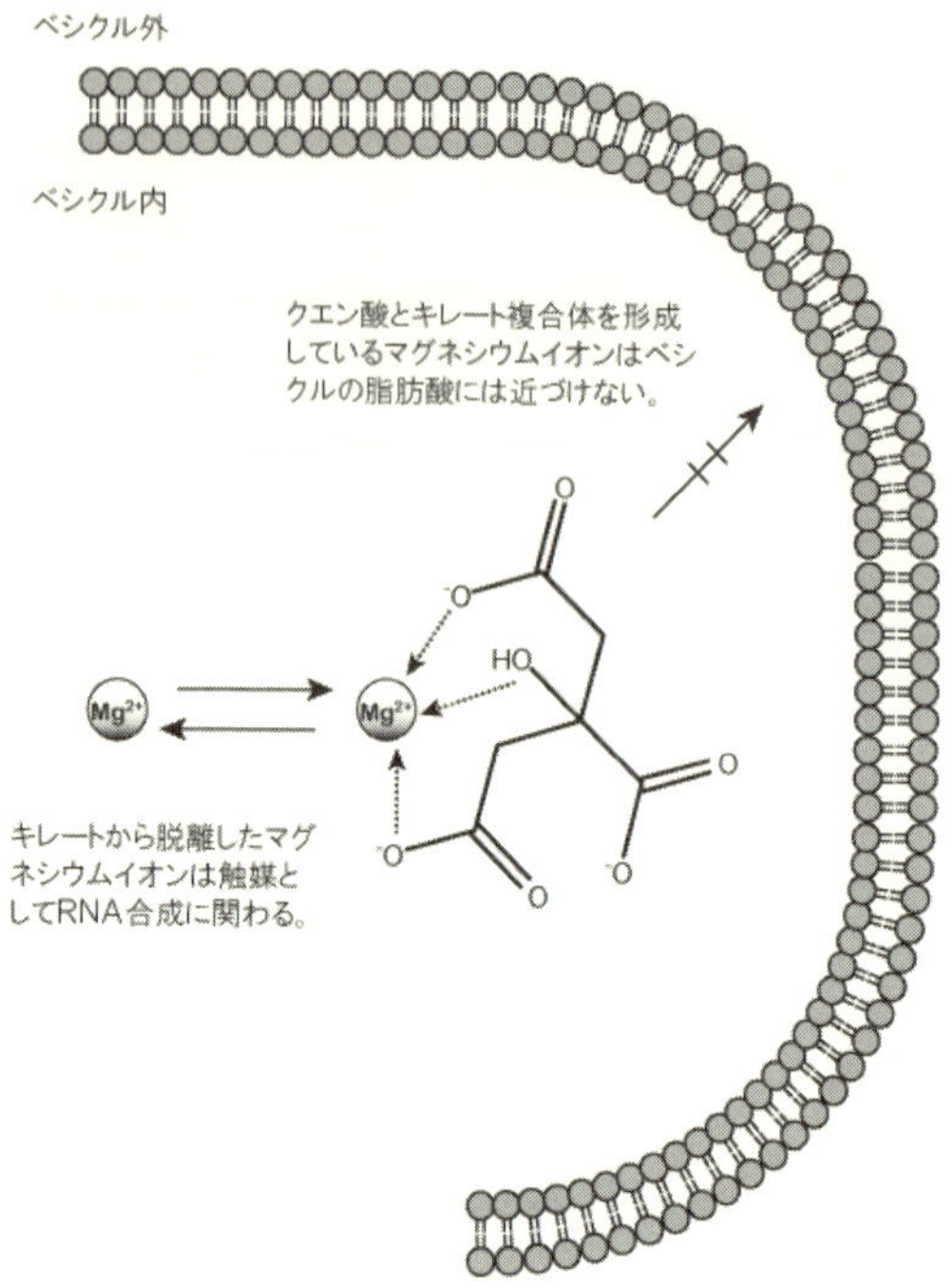
ベシクル外
ベシクル内
クエン酸とキレート複合体を形成しているマグネシウムイオンはベシクルの脂肪酸には近づけない。
O
⁻O
HO
Mg^{2+}
Mg^{2+}
O
⁻O
O
⁻O
キレートから脱離したマグネシウムイオンは触媒としてRNA合成に関わる。

図 6.5　マグネシウムイオンはクエン酸でキレート複合体を形成することで脂肪酸に対しては不活性になり、ベシクルは保護される。

六配位構造で、そのうち一つがクエン酸の水酸基、二つがカルボシル基で占められていて、さらに三つ配位子を受け入れることができます。これはマグネシウムイオンがＲＮＡのテンプレート伸長反応の触媒として働くには十分ですが、逆にＲＮＡを分解する反応と脂肪酸と相互作用し沈殿物を作るには適切ではないのです[54]（図６・５）。

どうやら「生命の起源」というのはこれまで論争されてきた、ＲＮＡワールド、ペプチド（タンパク質）ワールド、リピッド（脂肪酸）ワールドといった「どの分子種から始まったか？」ということではなく、分子、イオンなど複数種類の化学種が適切にそろった状態で、協奏して生命の創成に繋がったと考えるのが妥当そうです。

私たちはタイムマシンで太古の昔へ「生命の創成」を見にいくことはできません。しかしメタン、アンモニア、窒素、水の混合気体に放電するとこれらの気体の化学反応の結果としてグリシン、アラニン、アスパラギン酸が得られることから、落雷により原始大気からアミノ酸が得られたという仮説が実験的に証明されています(55)。この実験から六〇年が経過し、その間に人類はＤＮＡ、ＲＮＡの存在を知り、遺伝子を操作してタンパク質を合成するに至っています。近未来に「生命の創成」が実験室で再現されても不思議ではないのです。

参考文献とノート（注）

(1) Donald S. Mottran, Brronislaw L. Wedzicha, Andrew T. Dodson Nature, 2002, 448 - 449, Richard H. Stadler, Imre Blank, Natalia Varga, Fabin Robert, Jörg Hau. Philippe A. Guy, Marie-Claude Robert, Sonja Riediker, Nature, 2002, 449-450

(2) Amanda Yarnell, C&EN, 2002, Oct.7, 7

(3) Hsieh-Wilson, L.C. et al. Nature, chemical biology, 2007, 3, 6, 339-348

(4) チャールズ・ジョン・ペダーセン、ノルウェー人の父、日本人の母、良男（よしお）の名前も持つ。ペダーセンはクラウンエーテルの発見が称えられ、一九八七年に超分子化学の研究を深めたドナルド・クラム、ジャン、マリー・レーンとともにノーベル化学賞を授与されている。

(5) B.W.Matthews, P.B.Sibler, R.Henderson, D.M.Blow, Nature, 1976, 214, 652, D.M.Blow, Acc.Chem.Res., 1976, 9, 145

(6) V.T.D'Souxa, M.L.Bender, Acc.Chem.Res., 1987, 20, 146

(7) R.Breslow, M.F.Czarnieski, J.Emert, H.Hamaguchi, J.Am.Chem.Soc., 1980, 102, 762

(8) ジャック・ショスタック、Jack W. Szostak、Elizabeth H. Blackburn, Carol W. Greider とともに「テロメアとテロメレース、これらによるクロモソームの保護機構の発見」により二〇〇九年のノーベル医学・生理学賞を授与されている。

(9) Brain, N. Tae, Thomas M. Snyder, Yinghua Shen, David R. Liu, J.Am.Chem.Soc., 2008, 130, 15611-15626

(10) ティセリウス、Arne Wilhelm Kaurin Tiselius, 一九四八年、電気泳動とクロマトグラフィーの研究でノーベル化学賞

(11) High performance liquid chromatography: HPLC, 高分解能液体クロマトグラフィーが正しい翻訳であろうが、従来法に比べ分析時間が著しく短縮されたためか日本では「高速液体クロマトグラフィー」が一般名詞として残りました。

(12) 田中耕一、John B. Fenn, Kurt Wüthrich, 生体高分子の同定と構造解析法の開発に対する寄与により二〇〇二年ノーベル化学賞が授与されている。

(13) Elias James Corey（ハーバード大学）、有機合成化学における理論と方法論、特に逆合成理論の功績で一九九〇年にノーベル化学賞が授与されている。

(14) F.J. Villani, et.al. US Patent, 4, 219, 559 (1980), F.J. Villani, et.al. J.Med.Chem.28, 1934 (1985), 参考書「トップドラッグ、その合成ルートを探る」Johon Saunders, 大和田智彦、夏苅英昭　訳、化学同人

(15) Robert Bruce Merrifield,（ロックフェラー大学）、ポリペプチドの固相合成法を開発し一九八四年にノーベル化学賞が授与されている。

(16) 上田実、中村葉子、岡田正弘、蛋白質　核酸　酵素、vol.52. No.13 (2007), 1667-1672

(17) フォトアフィニティラベリング、酵素、受容体などのタンパク質の基質結合部位に光反応を経由して標識する方法。

(18) P. Dervan, Bioorg. Med. Chem., 2001, 9, 2215-2235

(19) 上杉志成ほか、J.Am.Chem.Soc. 2004, 126, 15940-15941

(20) G.N.Pandian, 杉山弘ほか、Bioorg. Med Chem., 2012, 20, 2656-2660

(21) Sarah R. Kirk, Nathan W. Luedtke, Tor,Y. J.Am.Chem.Soc. 2000, 122, 980-9811

(22) 矢島早紀、塩ノ谷裕人、赤城隆志、濱崎啓太、Bioorg. Med Chem., 2006, 14, 2799-2809

(23) Suni Kumer, Patrick Kellish, W. Edward Robinson, Jr., Deyun Wang, Daniel H. Appela, Dev P. Arya, Biochemistry, 2012, 51, 2331-2347

(24) Kary Mullis, Michael Smith, DNA解析に関わる化学的な手法の開発に対する寄与により一九九三年にノーベル化学賞が授与されている。

(25) Bente Vilsen, Poul Nissen et al. Nature, 2007, 450, 1043-1049

(26) 浦野泰照、小林久隆ほか、Science Translational Mdicine, 2011, 3, 110-119

(27) Prasher, D.C., Eckenrode, V.K., Ward, W.W., Prendergast F.G., Cormier, M.J., Primary structure of the Aequorea victoria green-fluorescent protein. Gene, 111 (2), 229-233 (1992). Chalfie, M., Tu, Y., Euskirchen, G., Ward, W.W., Prasher, D.C., Green fluorescent protein as a marker for gene expression. Science, 263 (5148), 802-805 (1994). プラシャー博士、その後のインタビューは、The Scientist, www.scientist.com. 2013.2.26, Science for the curious discover, www.discovermagazine.com 2011.2 に見ることができます。

(28) Thomas R. Cech "Structure and Mechanism of the Large Catalytic RNAs: Group I and Group II Intron and Ribonucclease P" in "THE RNA WORLD" 239-269, Ed.by R.F Gesteland, J.F.Atkins, Cold Spring Harbar labotratory

Press, 1993, トーマス・Ｒ・チェックは一九八九年にＲＮＡの触媒機能の発見でシドニー・アルトマンとともにノーベル化学賞が授与されている。

(29) W.C. Winkler, R. R. Breaker, et.al. “Control of gene expression by natural metabolite- responsive ribozyme”, Nature, 2004, 428, 281-286

(30) Narasimhan Sudarsan, J. Kenneth Witckiser, Shingo Nakamura, Margeret S. Ebert, R.R.Breaker, “An mRNA structure in bacteria that controls gene expression by binding lysine ”, Genes & Developement, 2003, 17, 2688-2697

(31) W.C.Winkler et al. “Structure and mechanism of a metal-sensing regulatory RNA” Cell, 2007, 130, 878-892

(32) Ronald Breaker, “Riboswitch and the RNA World” in “RNA worlds” 63-77, Editied by J.H. Atkins, R. F. Gesteland, T. R. Cech

(33) M. Li et al “Widespread RNA and DNA sequence difference in the human transcriptome” Science 2011, 333, 53-57

(34) “Chemical genetics resulting from a passion for synthetic organic chemistry”, S. L. Schreiber, Bioorganic & Medicinal Chemistry, 1998, 6, 1127-1152, 「創薬研究におけるケミカルゲノミクス」大和隆、ケミカルバイオロジー・ケミカルゲノミクス、半田宏編、33-47、青木正博、「Target of rapamycin のケミカルバイオロジー」同書、147-158

(35) T. G. Heckler, Y. Zama, T. Naka, S. M. Hecht, J. Biol. Chem., 1983, 258, 4492-4495

(36) C. J. Noren, S. J. Anthony-Cahill, M. C. Griggith, P. G. Schults, Science, 1989, 244, 182-188

(37) T. Hohsaka, D. Kajihara, Y. Ashizuka, H. Murakami, M. Shishido, J. Am. Chem. Soc. 1999, 121, 34-40

(38) Systematic Evolution of Ligands by Exponential Enrichment (SELEX), 試験管内分子進化法、ＤＮＡ、ＲＮＡな

どのランダム配列から始め目的に適った配列を選別する方法

(39) Jumpei Morimoto, Yuuki Hayashi, Kazuhiro Iwasaki, and Hiroaki Suga, "Flexzymes: Their evolutionary history and the origin of catalytic function" Accounts of Chemical Research, 2011, 44, 12, 1359-1368

(40) 細胞からリボソームを含むタンパク質合成に関わる成分だけを取り出し、試験管内でタンパク質合成を行う方法、コムギ胚芽由来・大腸菌由来・ウサギ網状赤血球由来・昆虫細胞由来の合成系が存在し、現在では試薬キットも販売されている。

(41) RNA interference (RNAi), ＲＮＡ干渉、短鎖ＲＮＡと相補性を持つｍＲＮＡが分解される現象を利用しｍＲＮＡの段階で標的となる遺伝子の発現を抑制することができる。アンドリュー・ファイアーとクレイグ・メローにRNAi発見の功績より二〇〇六年ノーベル生理学・医学賞が受賞された。

(42) GenBank, アメリカ合衆国、国立衛生研究所（National Institute of Health, NIH）が運営している遺伝子配列のデータベース、http://www.ncbi.nlm.nih.gov/genbank/

(43) Protein Data Base (PDB)、構造バイオインフォマティクス研究共同（Research Collaboratory for Structural Bioinfomatics, RCSD が運営するタンパク質構造のデータバンク、http://www.rcsb.org/pdb/home/home.do

(44) PubChem, アメリカ合衆国、国立衛生研究所（National Institute of Health, NIH）が運営している化合物のデータベース、http://www.ncbi.nlm.nih.gov/pccompound

(45) Chembank, 広域ケミカルバイオロジープログラムによって設立された小分子化合物の生理活性とその解析法などに関わるデータベース、http://chembank.broadinstitute.org/

(46) Kyoto Encyclopedia of Gene and Genomics (KEGG)、京都遺伝子ゲノム百科事典、遺伝子、タンパク質、代謝

などの情報を統合したデータベース、http://www.genome.jp/kegg/
(47) Braunschweig Enzyme Database, BRENDA), Braunschweig 工科大学が運営する酵素とその基質、生成物、反応などに関わるデータベース、http://www.brenda-enzymes.info/
(48) Robert Penchovsky, "Computational Design and Biosensor Applications of Small molecule-Sensing Allostelic Ribozyme" Biomacromolecules, 2013, 14, 4, 1240-1249
(49) Systems biology, コンピューターサイエンティスト、北野宏明によって始められた。「システムバイオロジー - 生命をシステムとして理解する - 」二〇〇一、秀潤社
(50) Vittorio Saggiomo, Ulrich Lüning, "Transport of calcium ions through a bulk membrane by use of a dynamic combinatorial library" ChemComm, 2009, 3711-3713
(51) Mathew W. Powner, Béatrice Gerland. John D. Sutherland, "Synthesis of activated pyrimidine ribonucleotides in prebiotically plausible conditions" Nature, 2009, 459, 239-242
(52) Rafael Silva-Rocha, Victor de Lorenzo, "Engineering multicellular logic in bacteria with metabolic wires" ACS Synthetic Biology, 2013
(53) Ting F. Zu, Jack W. Szostak, "Coupled growth and division of model protocell membrane" J.Am.Chem.Soc, 2009, 131, 5705-5713
(54) Katarzyna Adamata, Jack W. Szostak, "Nonenzymatic template-directed RNA synthesis inside model protocells" Science, 2013, 342, 1098-1100
(55) Stanley L. Miller, Science, 1953, 117, 528-529

あとがき

この夏も暑かった。昨年も暑かったけど今年の夏はさらに輪をかけて暑かった。東京で最高気温が三五℃を超える日が三日も続いたのだから。思えば私が学生を終えた年の夏も暑かった。その夏は大手町で三五℃を超えたといって大騒ぎしていました。このごろは三五℃超え当たり前？　三日続きは異常だけど、年々、暑さを増してきているような気がする。人が一生涯の間に気候の変化を肌で感じ取れてしまうほど、地球の気候が変化してきていることに恐怖さえ感じる今日このごろです。

子供のころはどうだっただろう？　学校の教室にはエアコンなんかなかった。大学生になっても大学の講義室にだってエアコンはなくて当たり前だった。研究室も暑くてたまらず、製氷機から氷をバケツに一杯とってきて足元に置いていました。八月半ばになると研究棟の製氷機には「実験目的以外での氷の使用を禁止する。」と張り紙されるのが常でした。でもなんとかやっていけましたよね。今では自宅も、オフィスも実験室もエアコンがあって当たり前だけど、人間生活の快適さが増している分、気候の変化がより痛切に感じられるのかもしれません。

生命体は環境適応能を獲得することで生き延びてきました。多少の環境の変化には順応できるはずなのです。私たちの体を様々な外来の異物から防御している免疫では一〇〇億を超えるタンパク質が抗体として働いています。その数はゲノムに記録されているタンパク質の数（二〜三万個くらいと考えられている）よりはるかに多く、細胞内のゲノムで起こる抗体遺伝子の再配列により抗体と免疫の多様性が獲得されています（これを突き止めたのは利根川進教授、一九八七年ノーベル医学・生理学賞、です。）。幼少期にあまり極端に埃やダニなどから隔離され、外界の物質との接触が絶たれていると免疫機能そのものの発達が退化していくのかもしれません。生まれながらにエアコン環境下で過ごしてきている現代人はだんだん汗をかかなくなっているといわれています。発汗作用は体温調節に不可欠な機能であるにも関わらず（汗の水分が蒸発することで周りの熱を奪う。）。

やや涼しくなってきたころ、外を歩いていると子供たち（小学生くらい？）が日陰で車座になって何かやっています。覗き込むと皆、無言で携帯型ゲーム機のボタンを必死に押し続けていました。ちょっと怖くなりましたね。そういえば何年か前に中学校の教員をしている卒業生から「このごろの中学生は何も触っていない、カエルも蝶も捕まえたことがなく、土も触っていない。」と。彼女もさすがに「これはヤバイ！」と思ったらしく、事あるごとに野外実習と称して生徒を外へ連れ出しては自然を観察させているらしい。それでも大学で化学、生物学を志す学生がカエルやバッタを捕まえた経験がなかったりするのが現実です。電気工学科に入学した学生が半田ごてを大学の授業で初めて触るという話も聞きました。

子供たちは携帯ゲーム機で孤独に遊んでいるけど、大人も電車の中とかでスマホで遊んでいますね。けっこう年配の方がスマホで見ているゲーム画面が、そのすぐそばにいる中学生と同じだったりもする。ファミコンなどのビデオゲームで育った世代がそのままスマホゲームに移行しているのでしょう。このごろは大学でも手や体を動かして科学を創作するタイプの研究よりも、ＰＣ上で設計、あるいはシミュレート、予測するタイプの研究のほうが学生の人気が集まる傾向があるようです。ゲーム感覚に近いのかな？　もちろん、机上の予測とそれを可能にする科学の論理はとても重宝です。天気予報だって、温度、湿度、気圧など過去の記録（データ）とそれらに統計的な処理を施す科学の論理によって達成されています。しかしこれら予測の論理は、自然に触れ、掴み、観測するなど膨大な実験によって裏づけられているという事実もあります。

この本を最後まで（あるいはこの「あとがき」だけでも）読んでくれたあなた、ありがとう。本を読むことは大切です。でも、もしあなたが科学を志すなら、たまには本を離れ（ＰＣから離れ？）外へ出よう。

二〇一四年　如月

濱崎啓太

事項索引

濱崎啓太
1995 年東京工業大学生命理工学研究科、バイオテクノロジー専攻博士課程修了の後、ハーバード大学医学校研究員、日本学術振興会特別研究員、東京工業大学生命理工学部助手、科学技術振興事業団研究員を経て、2002 年から芝浦工業大学で化学を教え、生物学の研究をしています。教授、博士（工学）1995 年

ケミカルバイオロジー ～入り口？ 出口？ 回り道！～

2014 年 5 月 1 日　　初　版

著　者……………………濱　崎　啓　太

発行者……………………米　田　忠　史

発行所……………………米　田　出　版
〒272-0103　千葉県市川市本行徳 31-5
電話　047-356-8594

発売所……………………産業図書株式会社
〒102-0072　東京都千代田区飯田橋 2-11-3
電話　03-3261-7821

中央印刷・山崎製本所

ISBN978-4-946553-58-5　C0045